居民消费
碳排放与减排
政策研究

尹龙 / 著

经济管理出版社
ECONOMY & MANAGEMENT PUBLISHING HOUSE

图书在版编目（CIP）数据

居民消费碳排放与减排政策研究／尹龙著 . -- 北京：
经济管理出版社，2025.4. -- ISBN 978-7-5243-0273-5

Ⅰ. X511

中国国家版本馆 CIP 数据核字第 2025EG9020 号

组稿编辑：张丽媛
责任编辑：王光艳
责任印制：许　艳

出版发行：经济管理出版社
　　　　　（北京市海淀区北蜂窝 8 号中雅大厦 A 座 11 层　　100038）
网　　　址：www. E-mp. com. cn
电　　　话：(010) 51915602
印　　　刷：北京金康利印刷有限公司
经　　　销：新华书店
开　　　本：710mm×1000mm/16
印　　　张：11. 5
字　　　数：189 千字
版　　　次：2025 年 5 月第 1 版　　　2025 年 5 月第 1 次印刷
书　　　号：ISBN 978-7-5243-0273-5
定　　　价：90. 00 元

前　言

　　随着自然环境的不断恶化，人类的生存安全受到极大的挑战，尤其是全球气温不断升高所带来的负面影响日益明显。全球变暖对世界而言是一个巨大挑战，极大影响着人类安全，人类活动产生的二氧化碳已成为长期气候变化的最大贡献因素之一。这一问题已受到社会公众和各国政府的普遍关注，成为影响人类未来生存发展的关键问题。气候变化是一个全球性问题，要应对这一变化，不是某一国家或地区能完成的，需要全人类的共同努力。同时，气候变化不仅是一个科学问题（涉及清洁能源、低碳技术的不断革新），还是一个社会问题（涉及能源定价、技术投资、税收政策及碳排放权配置等问题），更是一个国际问题（涉及国际及区域间的碳减排合作），需要构建一个公平、可持续的国际气候制度框架。

　　目前，中国已成为世界碳排放第一大国，也是受全球气候变化影响最大的国家之一。为积极应对全球气候变化，中国承诺在 2030 年前二氧化碳排放达到峰值。党的二十大报告指出，推动经济社会发展绿色化、低碳化是实现高质量发展的关键环节。随着中国经济的发展、城镇化的推进及消费的不断升级，碳排放的重点渐渐由生产侧向消费侧过渡，居民消费碳排放逐渐成为未来碳排放的新增长点，因此有必要以消费碳排放为研究对象，对中国居民消费碳排放进行评估和峰值预测，揭示居民消费碳排放的特征和演进规律，同时建立消费碳排放的福利分析框架，探讨消费碳减排政策的福利影响，为制定合理的消费碳减排政策工具提供参考。

　　本书建立"居民消费—碳排放—减排政策—福利影响"的逻辑框架和分

析脉络，以中国居民消费碳排放为研究对象，利用碳排放计算方法和投入—产出法对中国居民消费直接碳排放和间接碳排放进行测算（第四章制图数据均根据国家统计局发布的原始数据测算得出）；结合测算结果，对中国居民消费碳排放总量、人均水平及不同消费领域的碳排放进行评估，揭示其演进规律；根据 IPAT 理论，利用情景分析法预估中国居民消费碳排放的达峰路径，测算不同情景下中国居民消费碳排放的达峰时间和达峰数值。研究得到的主要结论：①中国居民消费碳排放占总碳排放的比重为42.4%，这一比率与发达国家相比仍有较大的增长空间，未来居民消费碳排放将成为碳排放的新增长点。②2020 年居民消费直接碳排放与间接碳排放的规模分别为 10.44 亿吨和 37.97 亿吨，城镇居民和农村居民在消费碳排放水平及结构方面存在差异，因此政策制定要有针对性。③中国居民消费碳排放峰值可能出现在 2030～2033 年，规模为 53.1 亿吨～61.4 亿吨，在低碳消费情景下，中国居民消费碳排放的达峰时间最早且峰值水平最低，因此环境库兹涅茨理论在中国居民部门适用。本书从福利经济学的视角，以社会福利最大化为目标探讨消费碳减排政策，主要涉及价格政策、能效补贴政策、碳定价工具及能效标准政策等，以期为中国消费碳减排实践提供参考。

居民消费碳减排政策的研究在我国还属于一项具有探索性的工作。由于作者的学识水平和研究能力有限，撰写时间仓促，因此书中错误和不足之处恳请广大读者批评指正，也祈盼有关碳减排政策的研究能够不断深入推进。

尹　龙

2025 年 3 月 27 日

目　录

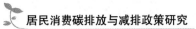

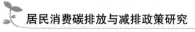

第一章

绪　论

　　气候变化问题已成为21世纪全球面临的最严峻的挑战之一，全球变暖对生态环境及人类的生存造成了不可逆的影响，不仅引发了全球生态失衡、环境恶化等公共环境问题，还对全世界各国人民生存和经济发展构成了严重的威胁。联合国政府间气候变化专门委员会（IPCC）在2023年的评估报告中明确指出，全球气候变暖的趋势不但持续存在，而且其影响范围和严重程度已远超以往的认识。人类活动，尤其是化石燃料（如煤炭、石油和天然气）的大量消耗，导致温室气体排放急剧增加，其中二氧化碳（CO_2）的排放增长尤为显著。当大气中CO_2等温室气体的浓度达到并超过特定阈值时，将对地球的生态系统及人类的生存环境产生深远的负面影响，成为推动全球变暖的主导因素。此外，不断加剧的碳排放已不再只是一个单纯的自然科学议题，它深刻关联着全球经济结构的调整、可持续发展路径的选择，以及全人类的生存权和发展权，凸显出了气候变化问题多维度、跨领域的复杂性。

　　为积极应对全球气候变暖问题，包括联合国在内的各类国际组织及各国政府都建立了智库来专门研究如何减缓、适应和应对气候变化，以实现有效的碳减排。与其他大多数经济问题一样，碳减排的边际成本是递增的，建立全球性的节能减排路线框架图难度巨大。世界各国正积极寻求切实可行的减排路径，碳减排潜力亟须从全方位深入挖掘。目前，中国的碳排放规模居世界首位，作为最大的发展中国家和《联合国气候变化框架公约》的主要缔约国，中国肩负着巨大的减排责任。近年来，随着中国经济持续向前发展，城镇化进程不断加速，居民收入水平随之提升且生活质量得到全方位改善，碳排放的重点渐渐由生产领域向消费领域过渡，居民消费碳排放逐渐成为未来碳排放的新增长点。

第一节

研 究 背 景

一、全球气候变暖已成为共识

1896 年，瑞典科学家斯万特·奥古斯特·阿累尼乌斯就作出了预测：化石能源的大量使用会造成大气中 CO_2 浓度增加，从而产生温室效应，导致全球变暖。随着全球环境的不断恶化，以及气候变化带来的灾难事件频发，社会各界都承认了一个事实：全球气候变暖的主要原因是人类向大气中过度排放 CO_2。[1] 气象资料表明，从 1880 年到 2022 年，全球平均温度已经显著升高超过 1.1℃。过去几十年间，特别是最近 30 年，每 10 年的地表温度增高幅度都高于 1850 年以来的任何一个 10 年，这一趋势显示出全球变暖正在加速。[2] 自 20 世纪 50 年代以来，人类观测到的许多气候变化现象在几十年甚至上千年的时间里都是前所未有的。这些变化包括大气和海洋温度持续上升，积雪和冰量显著减少（如北极海冰层面积缩小、格陵兰冰盖和南极冰盖融化等），海平面不断上升（由于海水热膨胀和冰川融化等因素），以及温室气体浓度持续增加。全球气候变暖还导致极端气候事件的频率和强度增加，如热浪、干旱、洪水和飓风等。这些极端气候事件对生态环境和人类生存造成了严重影响，包括农作物减产、水资源短缺、生态系统失衡、人类健康风险增加及社会经济活动中断等。全球气候变暖

---

[1] 中国气象局.《中国气候变化蓝皮书 2023》发布全球变暖趋势持续 中国多项气候变化指标创新高．[EB/OL].［2023 - 07 - 08］. https：//www. cma. gov. cn/2011xwzx/2011xqxxw/2011xqxyw/202307/t20230708_5635282. html.

[2] 澎湃新闻. 1990-2023IPCC 气候变化报告变迁和持续 34 年的警告[EB/OL].［2023 - 03 - 29］. https：//www. thepaper. cn/newsDetail_forward_22401204.

对生态环境及人类生存造成的影响日益严峻。

近年来，经济规模的不断扩大、消费水平的逐渐提升及化石能源的大量焚烧，导致全球温室气体排放增幅显著加大，加剧了全球生态环境的恶化。全球温室气体排放和大气中二氧化碳浓度均已达到前所未有的水平。截至 2023 年，全球大气中的二氧化碳浓度已突破 420ppm，这一数值相较过去几年有了显著增加，且仍处于持续上升的态势。① 与此同时，甲烷、氧化亚氮等温室气体的浓度也在不断攀升，对全球气候产生了深远影响。这种气候变化不仅阻碍了经济社会的进步，还对人类的生存与发展构成了严峻挑战。在全球范围内，"人类活动—气候变化—人类社会"的紧密关联已成为国际社会的共识。如何有效减少温室气体排放、降低气候变化带来的风险，已成为各国政府、学术研究者和政策制定者共同关注的焦点。因此，低碳减排已成为全球性的议题，减少温室气体排放、发展低碳经济、实现可持续发展已成为各国国家战略的重要组成部分。为了应对这一挑战，各国政府正在积极采取行动，通过制定更加严格的环保法规和政策、推动能源结构的转型和升级、加大对可再生能源的投资和开发力度等措施，努力减少温室气体排放。同时，各国也在积极倡导绿色消费和低碳生活方式，提高公众的环保意识和参与度，形成全社会共同应对气候变化的良好氛围。

二、国际应对气候变化的行动

国际气候谈判是一个漫长的过程，始于 1979 年在瑞士日内瓦召开的第一次世界气候大会。目前，气候变化问题已演变成为国际问题，世界各国之间进行了长期的博弈与谈判。从《联合国气候变化框架公约》（1992）到《京都议定书》（1997）的提出，再到联合国波恩气候变化大会（2017）的召开，联合国政府间气候变化专门委员会与世界各国为共同应对全球气候变化，减缓气候变化对人类的影响，经历了长期的气候谈判与博弈。此后，每年的联合国气候变化大会都成为各国政府展示减排成果、交流减排经

① ①中国新闻网.2023 年全球大气主要温室气体浓度继续突破历史记录.［EB/OL］.［2024-12-05］. https：//www.chinanews.com.cn/gj/2024/12-05/10331280.shtml.

验、协调减排行动的重要平台。进入 21 世纪 20 年代，由于全球新冠疫情的暴发和地缘政治的紧张局势，气候谈判面临着前所未有的挑战。尽管如此，各国政府仍然坚持推动气候谈判的进程。2021 年，在英国格拉斯哥举行的联合国气候变化大会上，各国政府就加强气候行动、实现《巴黎协定》目标等问题进行了深入讨论，并取得了一系列积极成果。2023 年，随着全球气候变化的日益严峻，各国政府继续加大气候谈判的力度，推动全球气候治理体系不断完善和发展。CO_2 减排已成为国际社会应对气候变化的普遍共识，碳减排的有效合理分配是各谈判方博弈的焦点。

2007 年，联合国气候变化大会通过了"巴厘岛路线图"，确立了"双轨制"，发达国家和发展中国家都采取了契合自身情况的减排举措。2009 年，联合国气候变化大会通过了《哥本哈根协议》，同样具有划时代的意义，发达国家和发展中国家都承诺了其未来的减排目标，并积极采取措施。2015 年，联合国气候变化大会在巴黎召开，通过了《巴黎协定》，确定了"自主贡献"的参与方式。同时，会议提出了 2℃ 升温目标，即 21 世纪末全球气温相比工业化前升温水平不超过 2℃，并争取实现 1.5℃ 升温目标。2017 年，联合国气候变化大会在德国波恩召开，此次会议就《巴黎协定》的实施展开进一步商讨。中国在全球气候变化谈判中地位凸显，"中国角"能效边会在德国波恩同时举行，主题为"能效提升对应对全球气候变化的贡献"。2020 年，受新冠疫情影响，联合国气候变化大会延期一年，于 2021 年在英国格拉斯哥举行，并最终签署了《格拉斯哥气候公约》。在公约中，各国承诺加强气候行动，包括减少甲烷排放、逐步淘汰煤炭发电、增加对气候适应和减缓项目的资金支持等。尽管会议成果被一些批评者认为不够雄心勃勃，但它仍然标志着国际社会在应对气候变化方面的又一重要步伐。2022 年，埃及沙姆沙伊赫举办了第二十七届联合国气候变化大会，并通过了《沙姆沙伊赫实施计划》。会议期间，各方围绕气候融资、损失与损害、适应行动等核心议题展开了激烈讨论。最终，大会通过了一系列决议，包括建立损失与损害基金、推动气候融资的增加和透明度等，但在一些关键议题上仍存在分歧和待解决的问题。在此期间，我国在全球气候变化谈判中的地位和作用继续提升。我国积极参与国际气候治理，推动构建公平合理、合作共赢的全球气候治理体系。我国还提出了"双碳"目标(碳达峰、碳中和),并采取了一系列实际行动来减少温室气体排放,包括发展可再生能源、推广电动汽车、实施碳交易等。同时,我国还积极与其他国家开展气候变化的南南合作,为其他发展中国家提供气候融资和技术支持。

从"双轨制"到《沙姆沙伊赫实施计划》,在世界各国的共同努力下,控制全球二氧化碳排放水平、应对和缓解全球气候变化成效显著(见图 1-1)。

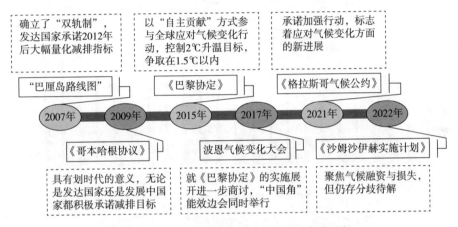

图 1-1 国际应对气候变化行为的主要发展历程

三、气候变化下中国的减排责任

全球各国的经济发展水平与工业化进程不同,导致不同国家的碳排放水平和特征存在较大的差异。发达国家已进入后工业时期,能源需求量减少,在国际贸易中具有绝对优势,向大气中排放 CO_2 的速度减缓,而发展中国家为满足发展和基本消费的需要,能源消费和碳排放量仍然处于上升区间。作为最大的发展中国家,中国不断扩大出口规模,刺激国内市场需求。随着国民经济的持续快速发展,能源需求持续扩大,CO_2 排放不断增加。2021 年,中国能源消费总量达 52.4 亿吨标准煤,是 1978 年的 9.2 倍,化石能源在一次能源消费中的比重高达 90% 以上。[①] 化石能源的大量使用必将导

---

① 根据国家国家统计局发布数据计算得出。

致 CO_2 等温室气体大量排放，影响生态环境安全。在图 1-2 中，通过列举世界主要国家和地区的碳排量，可以看出，中国 CO_2 排放规模远超过其他国家和地区，增长速度也一直处于世界前列。根据世界银行的数据显示，2021 年中国 CO_2 排放总量为 113.4 亿吨，较 1978 年的 14.6 亿吨增长了六倍多。[①]

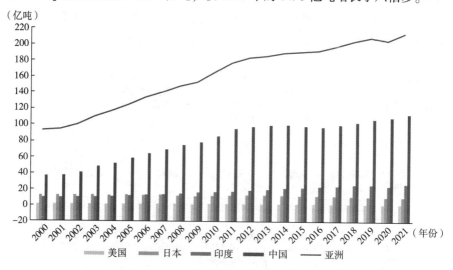

图 1-2　2000~2021 年世界主要国家和地区碳排放量比较

研究发现，目前中国已成为全球最大的 CO_2 排放国，中国碳减排成效直接关系着全球碳减排的未来和希望。中国工业化进程和城市化进程仍在不断加速，CO_2 排放总量和人均 CO_2 排放量仍处于上升趋势，中国未来的碳减排举措将在应对和减缓全球气候变化中起着至关重要的作用，将面临巨大的减排压力。作为经济大国，中国将肩负起重大的减排责任。

四、消费侧碳排放蕴含较大增长潜力

通过分析以往关于碳排放的研究，不难发现多数研究的落脚点都在工业部门的能源消费和 CO_2 排放上，忽视了居民消费所产生的碳排放。居民作为最终的能源消费者和排放者，其在生活中不仅要直接进行能源消费和

---

① 数据来源：https：//data. worldbank. org/indicator/EN. GHG. CO2. MT. CE. AR5。

相应的 CO_2 排放，生活中使用的其他商品或服务也需要各个行业的能源投入，从而间接产生了 CO_2 排放。因此，居民的消费水平和消费结构直接或间接影响着能源的需求情况，进而影响着碳排放的规模和结构。随着工业化发展水平的不断提升，部分发达国家居民的直接、间接能源需求已经超过生产部门（包括工业、商业、交通部门等），成为碳排放的主要增长点。在欧盟，20 世纪 90 年代居民已取代生产部门，成为最主要的能源需求和消费单位（彭希哲、朱勤，2010）；在美国，45%～55%的能源消费由消费者行为活动产生（Schipper et al.；2003）；在韩国，居民产生的能源需求和相应的碳排放占全国的 52%（Park and Heo，2007）；在英国，居民消费碳排放占全国碳排放总量的 74%（Baiocchi et al.，2010）。Hubacek 等（2021）的研究显示，在 2015～2018 年有 32 个国家（主要是发达国家）实现了 GDP 与生产排放之间的绝对脱钩，有 23 个国家实现了 GDP 与消费排放之间的绝对脱钩，有 14 个国家将生产侧和消费侧排放与经济增长脱钩。Ala-Mantila 等（2023）通过消费侧碳排放的测算，调整了人类发展指数，结果发现许多高度发达国家的人均消费碳排放达到了气候可持续限制的七倍。

1978～2015 年，中国城镇化率从 17.9%提高至 56.1%，中国正处于城镇化发展的中后期，未来的发展势头仍旧强劲。随着城镇化进程的不断推进，居民收入水平提升，生活和消费方式发生较大变化，形成"黑色消费（高碳消费）"，致使居民消费产生的直接、间接碳排放不断增加。中国城镇化的历程将持续相当长的一段时间，经济发展格局的不断变化刺激着国内消费需求，推动着经济增长，居民消费需求将不断增加，消费规模将不断扩大。在城镇化和国内消费需求不断增长的驱动下，中国居民消费碳排放将进入快速增长阶段。在过去几十年里，中国居民的生活方式经历了巨大的变革，从 20 世纪 60 年代的物资短缺状态到基本生活需求得到满足再到追求更高生活标准。城镇居民的人均可支配收入在 1978～2015 年从 343 元增至 31194 元，增长了近 90 倍；农村居民人均可支配收入从 133 元增至 10489 元。居民消费水平的提升对中国碳排放的驱动作用高于所考察的其他变量（朱勤，2011）。

为维持国民经济的稳定增长态势，中国政府采取刺激国内消费的政策，居民消费需求不断增加，逐渐向消费型社会转变。目前，新中产阶级规模不断扩大，推动了消费结构的不断升级。根据皮尤研究中心（Pew Research Center）2015年的研究报告，中国中产阶级人口在2001～2011年由3200万人增加到2.35亿人，增长了6.3倍，占全球的比例由8%增长到30%。中产阶级占国内总人口的比重由2001年的3%提升到2011年的18%，增长了5倍。2012～2023年，中国中产阶级人口由约2.8亿人增加到近5亿人，增长了近80%，占全球的比例由约28%上升到35%以上。中产阶级占国内总人口的比重由2012年的约21%提升至2023年的近35%，实现了显著增长。中产阶级的崛起促进了消费结构的升级，其对商品和服务的偏好发生了改变，形成了"追求高性能、个性化"的消费偏好，消费选择具有很强的示范效应。居民消费结构的变化必将改变传统的能源供应和产品生产方式，进而影响能源的需求结构，这将不可避免地扩大能源的需求规模，提高碳排放水平。

五、中国的碳减排举措

中国是世界上的人口大国，同时是规模最大的发展中国家和碳排放量最多的国家，在全球气候治理中扮演着至关重要的角色，承担着巨大的减排责任和减排压力。作为负责任的经济大国，中国深刻认识到气候变化对全球生态安全、人类生存环境和经济社会可持续发展产生的重要影响，因此中国政府明确制定了不同时期的减排目标和减排计划，以积极应对气候变化挑战。为实现这些目标，中国在全国范围内开展了一系列低碳试点项目，包括低碳城市、低碳园区、低碳社区等，通过实践探索低碳发展的有效路径。同时，中国还积极推进碳排放权交易市场建设，通过市场机制促进碳排放的减少和资源的优化配置。这些试点工作的实施不仅为中国积累了丰富的低碳发展经验，还为全球气候治理提供了有益的借鉴。习近平总书记强调："我们既要绿水青山，也要金山银山。宁要绿水青山，不要金山银山，而且绿水青山就是金山银山。"这一理念深刻体现了中国政府对生态文明建设的高度重视和坚定决心。在此基础上，中国结合本国国情，积极探索出一条中国特色生态文明建设道路，即"低碳发展、低碳经济、低碳消费"的发展模式。在这一发展模式下，中国致力于推动能源结构的优化升级，大力发展清洁能源和可再生能源，减少化石能源的消费比重；加强节能减排技术的研发和推广，提高能源利用效率和资源循环利用的水平；积极推动绿色低碳产业发展，培育新的经济增长点，实现经济发展与环境保护双赢。

　　为应对和减缓气候变化，中国政府出台了一系列减排举措，并取得了阶段性的成效。2007年，首部应对气候变化的政策文件《中国应对气候变化国家方案》正式发布，明确了中国阶段性应对气候变化的目标、原则和具体措施。2009年，在丹麦哥本哈根召开的联合国气候变化大会上，中国提出温室气体减排目标，努力实现2020年碳排放强度（单位GDP的CO_2排放）较2005年下降40%~45%。2010年，国家发展和改革委员会发布了《关于开展低碳省区和低碳城市试点工作的通知》，确定了中国首批低碳省份和低碳城市。2013年，《国家适应气候变化战略》颁布，这是中国首部专门针对适应气候变化的战略规划。2014年，《国家应对气候变化规划（2014—2020年）》出台，指出中国将积极兑现2009年提出的减排承诺。2014年，在《中美气候变化联合声明》中，中国明确宣布了2020年后应对气候变化的行动，并提出中国将于2030年左右争取碳排放达峰并争取尽早达峰。2015年，《强化应对气候变化行动——中国国家自主贡献》明确了2020年后的行动目标和政策措施，并提出"自主贡献"减排目标。同年，中国宣布建立"中国气候变化南南合作基金"，规模为200亿元人民币。2020年，在第七十五届联合国大会一般性辩论上习近平主席郑重宣布："中国将提高国家自主贡献力度，采取更加有力的政策和措施，二氧化碳排放力争于2030年前达到峰值，努力争取2060年前实现碳中和。"2021年，《中华人民共和国国民经济和社会发展第十四个五年规划和2035年远景目标纲要》指出单位国内生产总值能源消耗和二氧化碳排放分别降低13.5%和18%，充分体现了中国政府应对气候问题的决心和担当（见表1-1）。

表1-1　中国应对气候变化的政策行动和举措

序号	时间	政策行动	举措内容
1	2007年6月	《中国应对气候变化国家方案》	中国首部应对气候变化的政策文件

续表

序号	时间	政策行动	举措内容
2	2009 年 12 月	《哥本哈根协议》	2020 年实现碳排放强度较 2005 年下降 40%~45%
3	2010 年 7 月	《关于开展低碳省区和低碳城市试点工作的通知》	确定了中国首批低碳省份和低碳城市
4	2013 年 11 月	《国家适应气候变化战略》	中国首部专门针对适应气候变化的战略规划
5	2014 年 9 月	《国家应对气候变化规划（2014—2020 年）》	落实 2009 年提出的减排承诺
6	2014 年 11 月	《中美气候变化联合声明》	2030 年左右争取达峰并争取尽早达峰
7	2015 年 6 月	《强化应对气候变化行动——中国国家自主贡献》	提出"自主贡献"减排目标
8	2015 年 12 月	"中国气候变化南南合作基金"	建立规模为 200 亿元人民币的气候变化南南合作基金
9	2020 年 9 月	"双碳"目标	二氧化碳排放力争于 2030 年前达到峰值，努力争取 2060 年前实现碳中和
10	2021 年 3 月	《中华人民共和国国民经济和社会发展第十四个五年规划和 2035 年远景目标纲要》	单位国内生产总值能源消耗和二氧化碳排放分别降低 13.5% 和 18%

资料来源：根据政府公告整理所得。

中国坚持节约资源和保护环境的基本国策，实行严格的生态环境保护机制，形成绿色发展方式和生活方式。中国把节能减排、低碳发展和生态文明建设紧密联系起来，通过推进绿色发展，着力解决突出环境问题，加大环境保护力度，改革生态环境监管体制，进一步完善中国应对气候变化的政策行动和发展规划。同时，中国加强应对气候问题的国际合作，提高全民应对气候变化的意识。

六、减排政策的选择至关重要

气候变化问题对全球人类的生存和发展构成了前所未有的巨大冲击，它不仅直接威胁到人类的生存安全，还严重影响到经济社会的可持续发展。与发达国家相比，发展中国家在应对气候变化的过程中所面临的挑战和问题更为紧迫和复杂，中国作为世界上最大的发展中国家，这一问题尤为突出。中国地域辽阔，区域间的经济发展较不平衡，居民收入水平差异相当显著，这种不均衡的发展状况无疑增加了气候变化政策的难度和复杂性。在制定减排政策时，每个人的基本需求应得到满足，每个人发展的权利应得到切实保护。这意味着政策不仅要关注整体的碳排放减少情况，还要确保社会各阶层群体都能获得充分的资源和机遇，特别是要保护好弱势群体的权益，满足他们基本的生存需求。这就要求在减排政策的设计和实施过程中要注重公平性和包容性，确保政策能够惠及所有人群，避免加剧社会不平等。实现减缓气候变化的成本合理分担也是制定减排政策的关键。由于经济发展水平和居民收入差异的存在，不同区域和不同群体在承担减排成本方面存在着显著差异。因此，政策制定者需要精心设计减排成本的分担机制，既要确保减排目标的实现，又要避免给弱势群体带来过大的经济负担。这可能需要通过财政补贴、税收优惠、技术支持等多种手段，激励和引导社会各界积极参与减排行动，共同为应对气候变化做出贡献。

随着改革开放的深入推进，中国经济发展取得了显著成绩，但同时也面临诸多问题。区域经济发展不协调、城乡发展水平差距明显等问题，已成为困扰中国经济转型的难题，直接影响着中国经济的持续发展。根据国家统计局和其他研究机构的测算，中国 1978 年的基尼系数小于 0.4，2007 年达到 0.484，之后有回落的趋势；2012 年为 0.474，随后几年虽有下降，但均在 0.46~0.47 徘徊；2022 年我国的基尼系数为 0.467，说明我国收入分配不平衡的问题依然存在。IPCC 第五次评估报告指出，气候变化对人类健康、人类安全、生计与贫困的影响日益凸显，起着"风险放大器"的作用，会进一步恶化贫困人口和边缘人群的境况。不同地区及不同群体的居民应对气候变化的能力不同，欠发达地区和生态脆弱地区的人口受气候变化影响大，且应对能力弱。欠发达地区基础设施落后，基本社会服务水平低；生态脆弱地区受气候变化的影响大，应对成本高，在面临气候变化风险时他们显得更为脆弱。若气候变化的影响超出社会弱势群体的承受能力，也就是外部环境的影响超过这一群体自我恢复的阈值，那么弱势群体必将陷入"低人类发展陷阱"。目前,中国经济发展过程中的不平衡问题十分突出,弱势群体在气候变化和环境恶化下的生存压力加大,因此在进行减排政策设计时,需要考虑对社会弱势群体的保护。

减排政策的选择与实施,对实现中国政府制定的减排目标、保证经济持续健康发展及提升社会福利水平至关重要。早期,中国政府在制定节能减排政策时,多依赖行政命令,这些措施虽然短期内可能有效,但长期来看带来了不少问题。地方政府为了完成减排目标,往往采取强制性的限电限能措施,这不仅严重影响了居民的正常生活用电和热能的供应,还引发了民众的极大不满。此类减排措施的经济社会成本高昂,不仅降低了居民的生活质量,还导致了社会福利水平的整体下降。从国际碳减排的实践经验来看,部分经济手段也存在制度上的缺陷。以欧盟的碳排放交易系统为例,虽然该系统旨在通过市场机制激励企业减少碳排放,但在实际操作中暴露出了不少问题。参与碳排放交易的企业通常可以免费获得一定数量的碳排放配额,这导致企业有机会通过提高能源价格将减排成本转嫁给消费者,从而增加居民的生活能源费用。另外,企业还可以通过出售剩余的碳配额来获取额外的收益,这使得碳减排的收益完全由企业独享,成本却由居民承担,无疑加剧了社会分配的不公,导致了资源配置的不合理。因此,为了更有效地实现减排目标,中国政府需要更加注重政策的合理性和有效性,避免单一依赖行政命令,应该结合市场机制、技术创新和社会参与等多种手段来推动减排工作。同时,还需要加强政策的评估和监测,及时发现和纠正政策执行中的问题,确保减排政策既能实现减排目标,又能保障经济的持续健康发展和社会福利水平的提升。

减排政策设计不合理会显著减弱碳减排的实际效果,不仅影响弱势群体的利益,还会造成社会福利的整体损失。当前,中国提出的部分碳税方案在很大程度上聚焦于碳减排目标的达成,以及减排政策对宏观经济可能产生的影响,忽视了减排政策对居民日常生活带来的深远影响,以及由此产生的复杂社会分配问题。这种片面性不仅体现在对居民生活质量潜在负面影响的忽视上,还体现在减排政策在设计之初未将社会福利问题纳入核心考量范畴上。减排政策的设计未充分保证个人发展的权利和机会,也未有效维护社会弱势群体的基本利益。在减排政策的制定过程中，往往缺乏对社会不同阶层、不同群体利益诉求的全面考量，导致政策在执行过程中可能产生不公平的现象。例如，某些减排措施可能会使低收入家庭面临更高的生活成本，他们可能无法承担因减排而带来的价格上涨，如能源费用增加。对于在高碳排放行业就业的劳动者来说，减排政策可能会威胁到他们的生计。减排政策在实施过程中还面临一系列具体的技术和管理挑战。如何合理界定管制范围，以确保减排政策的针对性和有效性；如何科学选择减排政策工具，以平衡减排效果与经济成本；如何设计补偿机制，以减轻减排政策对弱势群体的负面影响；如何公平分配碳减排带来的收益，以实现社会整体福利的最大化，这些都是居民消费碳减排政策需要深入研究和解决的关键问题。因此，为了制定更加合理、有效的减排政策，必须充分考虑社会福利因素，确保减排政策在推动碳减排的同时能促进社会公平与和谐。

第二节

研 究 目 的 与 意 义

一、研究目的

随着中国居民消费水平的不断提升和消费模式的持续升级，以及生活方式的深刻变化，居民消费碳排放呈现出显著增长的趋势。这一现象不仅反映了中国经济的快速发展和居民生活质量的改善，还带来了日益严峻的环境挑战。与发达国家相比，中国居民的碳排放量尚处于较低水平，但考虑到中国庞大的人口基数和快速发展的经济态势，居民碳排放的增长空间仍然巨大，这无疑将加剧环境问题，给中国带来巨大的碳减排压力，迫使我们承担更多的减排责任。当前，中国居民的能源消费模式仍然以传统能源为主,清洁能源的利用比例相对较低,能源利用效率有待提高。这种能源消费结构不仅加剧了碳排放问题,还限制了经济的可持续发展。因此,优化能源消费结构,提高清洁能源的利用比例,降低居民的碳排放强度,已成为我国实现低碳消费、推动绿色发展的重要任务。本书以改变居民消费习惯、转变消费模式、优化能源消费结构、降低居民碳排放强度、实现低碳消费为目标,分析消费碳减排政策的优劣及福利影响,制定合理、有效、可行的消费碳减排政策。

研究目的包括以下几点:

(1)通过对居民消费直接碳排放、间接碳排放的测算,了解中国居民消费碳排放的水平、区域差异及未来的增长潜力,并与发达国家进行比较,定位中国居民消费碳排放的水平和发展阶段,明确居民碳减排对全国碳减排目标实现的重要性。

(2)分析人口变化、消费模式转变与消费碳排放的关联,建立模型预测中国居民消费碳排放的达峰路径,对中国城乡居民消费直接、间接碳排放在 2025~2050 年的情况进行情景分析,验证环境库兹涅茨理论在中国居民部门的适用性。

(3)以社会福利最大化为目标探讨消费碳减排政策的影响,主要涉及价格政策、管制标准、碳定价工具及居民消费能效政策等,以期为中国消费碳减排实践提供参考。

(4)按照社会福利最大化和气候公平的原则对减排政策进行选择和设计,消除减排政策对社会分配的不利影响,推动建立科学合理的消费碳减排政策体系,优化居民消费格局,使居民基本生活需求得到充分保障,发展需求得到实现,奢侈消费需求得到有效遏制,社会福利水平得到提升。

二、研究意义

(一)理论意义

本书以可持续发展理论、环境库兹涅茨理论、低碳消费理论、消费者生活方式理论与投入产出理论为坚实的理论支撑,深入而全面地剖析了在全球气候变化这一背景下中国居民消费所产生的碳排放问题。居民消费不仅是经济增长的重要驱动力，还是碳排放的主要来源之一，因此对其产生的碳排放进行深入研究，对推动绿色低碳发展、实现气候目标具有重要意义。通过对居民消费直接碳排放（如家庭能源使用、交通出行等）和间接碳排放（如商品生产、运输、分销等过程中的碳排放）的精确测算，本书不仅掌握了当前中国居民消费碳排放的现状和特征，还进一步运用先进的预测模型和方法对未来的碳排放趋势进行了科学的峰值预测。这些数据和预测结果为未来的碳减排工作提供了重要的数据支撑和预测依据，有助于政府和企业制定更加精准有效的减排策略。在此基础上，本书创新性地提出了消费碳排放的社会福利分析框架。这一框架旨在全面、深入地分析消费碳减排政策对社会福利的潜在影响，从而确保政策制定能够兼顾减排效果与社会福利的双重目标。该分析框架不仅考虑了减排政策对碳排放的直接作用，还深入探讨了其对居民生活质量、社会公平、经济发展等多个维度的综合影响。本书通过构建包含多个变量的复杂模型，对不同减排政策方案进行模拟和比较，评估其对社会福利的净效应，为政策制定者提供科学的决策依据。本书在福利最大化目标下，提出了中国居民消费碳减排政策建议。这些建议涵盖多个方面，包括优化能源结构、推广绿色低碳产品、提高居民环保意识、完善碳交易市场等。通过制定科学合理的政策，旨在实现碳减排与社会福利提升的双赢，推动经济社会可持续发展。

本书不仅是对碳排放相关理论的一次重要应用，还是对相关理论体系的丰富和发展。通过对居民消费碳排放的精确测算和深入分析，本书为相关理论提供了翔实的数据支持和实证基础，使理论更加贴近现实、更具说服力。消费碳排放的福利分析框架为分析消费碳排放问题提供了一种全新的范式和方法，有助于推动该领域研究的深入和发展。未来，我们将继续深化这一领域的研究，为应对全球气候变化、推动绿色低碳发展贡献更多的智慧和力量。

（二）现实意义

在全球变暖、环境持续恶化的严峻背景下，中国作为碳排放世界第一大国，无疑将承担起更为重大的减排责任和义务。这一挑战不仅源于国际社会的期待和压力，更源于中国自身对可持续发展的深刻认识和坚定承诺。然而，随着中国经济的迅猛发展和城镇化水平的不断提升，居民生活和消费模式正经历着前所未有的重大转变。这一转变不仅体现在物质生活的极大丰富上，还体现在消费结构和消费习惯的根本性变化上。在这一过程中，消费碳排放逐渐成为碳排放新的增长点，对全球气候变化的影响日益显著。居民活动所引致的碳排放已成为气候变化、全球变暖的主要推手之一。随着居民消费水平的不断提升，其对碳排放的推动作用越发明显，甚至成为碳排放增加的最主要原因。这一现实情况无疑给中国的碳减排工作带来了更为复杂和艰巨的挑战。因此，构建科学、合理的中国居民消费碳排放估算方法和模型，深入分析中国居民消费碳排放的现状、趋势及影响因素成为当务之急。这不仅有助于我们更准确地把握居民消费碳排放的规律和特点，为制定有效的碳减排政策提供科学依据，还是经济新常态背景下实现中国可持续发展、推动生态文明建设目标实现的客观要求。积极探讨居民部门的碳减排政策，推动居民生活和消费模式绿色转型，也是中国履行大国责任、实现减排目标、对全球减排做出贡献的有力行动。政策引导和市场机制的创新可以激发居民参与碳减排的积极性和创造力，形成全社会共同推动碳减排的良好氛围，为实现全球气候治理目标注入强大的正能量。

(三)政策意义

目前，中国正经历着人口结构的重大变化，这一变化不仅体现在人口数量的增减上，还体现在人口年龄结构、城乡结构、教育水平等方面的深刻转型上。与此同时，居民的消费模式也正处于快速变化的阶段，从传统的生存型消费向发展型和享受型消费转变，这一转变直接导致居民消费碳排放持续增长。深入分析人口、消费与碳排放之间的复杂关联，准确评估居民消费碳排放的实际水平，全面分析消费碳减排政策的优劣，对社会公众和决策者至关重要。这不仅有助于他们全面了解中国居民消费直接和间接碳排放的基本情况和增长潜力，还能使他们明确认识到居民部门碳排放将成为未来中国碳排放新的增长点，从而更加准确地把握居民部门碳减排政策的影响，进一步提升消费碳减排政策的有效性和可行性。随着国民经济的持续发展和城镇化的加速推进，居民的生活水平不断提高，能源需求随之持续增加。在这一过程中，能源消费结构和消费模式发生着深刻的变化，从传统的煤炭、石油等化石能源向清洁能源、可再生能源的转型正在加速进行。只有在充分掌握居民部门碳排放的数量、结构和未来趋势的前提下，才能制定出更加精准有效的消费碳减排政策。这要求我们不仅要关注碳排放的总量，还要深入分析碳排放的结构和来源，以便制定出更加具有针对性的减排措施。从消费者行为的角度出发研究碳排放问题也是至关重要的，消费者作为碳排放的终端环节，其行为模式和消费习惯对碳排放水平有着直接的影响。因此，只有在保证居民基本权益的基础上通过引导和教育等手段有效地减少奢侈性碳消费，才能从根源上减缓碳排放的增长速度。这要求我们不仅要关注减排政策的技术层面和经济层面，还要更加注重政策的社会层面和文化层面，通过激发消费者的环保意识和责任感，推动他们主动参与到碳减排的行动中。

第三节
研 究 内 容 与 方 法

一、研究内容与结构

(一)研究内容

本书研究内容主要包含以下几方面：

(1)碳排放的基本属性及消费碳排放的社会福利分析。居民部门碳减排政策的设计与选择取决于对居民消费碳排放基本属性的认识与把握。居民碳消费的基本属性包括外部性、权利属性及公共物品属性等，其多重属性决定了减排政策设计的多目标性，简单的碳定价政策不足以实现每个人的发展权益，还需要配套政策的实施来保障居民生活的基本需求，提升社会的福利水平。

（2）利用碳排放系数法和"投入产出+消费支出"法测算中国居民消费直接碳排放和间接碳排放水平，分析城乡差异，明确中国居民消费碳排放的发展阶段。

（3）结合研究结果和测算数据，建立 IPAT-IDA 预测模型，探讨不同情景下中国居民消费碳排放的达峰路径。

（4）结合消费碳排放的特征和影响机理，以社会福利最大化为出发点，探讨消费碳减排政策的社会福利影响，以期建立合理、有效、可行的消费碳减排政策框架。

（二）本书结构

本书的章节安排如下：

第一章：绪论。本章从全球气候变暖已成为共识、国际应对气候变化的行动、气候变化下中国的减排责任、消费侧碳排放蕴含较大增长潜力、中国的碳减排举措及减排政策选择的重要性六个方面对本书的研究背景进行介绍，进而提出研究目的与意义，分析研究的理论意义、现实意义和政策意义，确定研究方法和技术路线。

第二章：基础理论与国内外研究进展。本章在介绍可持续发展理论、环境库兹涅茨理论、低碳消费理论、消费者生活方式理论及投入产出理论的基础上，对国内外关于消费碳排放、消费碳排放的评估方法、消费碳排放峰值预测及消费碳减排政策选择研究进行综述，进而提出本书的研究需求和研究价值。

第三章：居民消费碳排放的福利分析。本章在分析碳排放的基本属性的基础上，提出了消费碳排放的社会福利分析框架，探讨了居民消费碳排放与社会福利、减排政策及其社会福利影响，提出了基于社会福利最大化的减排政策设计。

第四章：中国居民消费碳排放的测算与分析。本章对中国居民消费直接碳排放和间接碳排放进行了测算与分析，并作了城乡比较，分析了其属性和特征，揭示了中国居民消费碳排放所处的阶段和未来的发展趋势。

第五章：中国居民消费碳排放的峰值预测。本章建立 IPAT-IDA 预测模型，探讨不同情景下中国居民消费碳排放的达峰路径，对中国居民消费碳排放的未来趋势进行预估。

第六章：居民消费碳减排政策及其福利影响。本章在分析居民消费碳减排特征和制约因素的基础上，总结国内外消费碳排放领域的减排政策，并从减排效果、政策成本与社会公平等方面对减排政策的社会福利影响进行分析，确定了居民消费碳减排政策的选择与设计要兼顾有效性、可行性，以及效率与公平等。

第七章：中国居民消费碳减排政策选择。消费碳减排的政策核心是：碳定价、技术政策与消除行为障碍。本章在分析各种手段效率公平均衡点的同时，寻求适合中国国情的消费碳减排政策。

二、研究方法

本书运用规范分析与实证分析相结合的方法，提出了居民消费碳排放的福利分析框架，测算了居民消费碳排放水平，预测了居民消费碳排放趋势，分析了居民消费碳减排政策的福利效果，提出了针对中国国情的消费碳减排政策框架，具体研究方法如下：

(1)理论分析法：通过分析居民消费碳排放的基本经济属性，提出居民消费碳排放的福利分析框架，为政策设计与选择、政策影响分析提供切入点。

(2)模型应用法：碳排放系数法对居民消费直接碳排放进行测算，改进投入—产出法，建立"投入产出+消费支出"法，测算居民消费间接碳排放。

(3)情景分析法：结合 IPAT-IDA 模型，利用情景分析方法，对中国居民消费碳排放 2025~2050 年的发展趋势进行预测，探讨不同情景下中国居民消费碳排放的达峰路径。

(4)福利分析法：利用福利经济学的分析方法，提出消费碳排放的福利分析范式，比较不同减排政策的福利影响，根据中国的国情提出有效的减排政策工具。

三、技术路线

根据本书的研究目的、主要内容、研究方法和各章节的内在逻辑，建立研究框架，如图 1-3 所示。研究框架的主线为居民消费碳排放及减排政策亟待研究—居民消费直接、间接碳排放的变动特征与趋势—减排政策的福利分析及减排政策选择。框架的切入点为居民消费碳排放的福利分析，依据为可持续发展理论、环境库兹涅茨理论、低碳消费理论、消费者生活方式理论、投入产出理论等基本理论。框架的核心为居民消费直接、间接碳排放变动趋势及特征，进而在此基础上对居民消费碳排放的达峰路径进行预测。框架的落脚点是社会福利最大化下适合中国国情的消费碳减排政策。

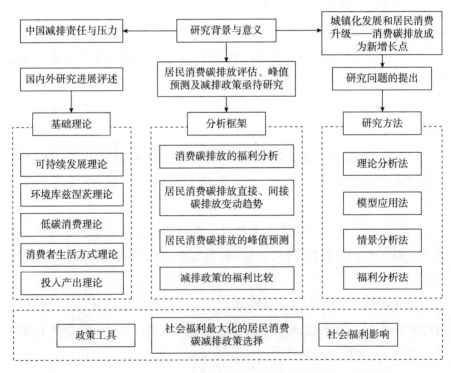

图 1-3　研究框架

四、创新点

第一，突破以往关于碳排放研究的理论模型与研究框架，以居民消费为切入点，建立"居民消费—碳排放—减排政策—福利影响"的理论模型与分析框架。以社会福利最大化为目标，分析各个减排政策的优劣，结合中国的国情制定有效的消费碳减排政策框架。

第二，改进投入—产出法在消费碳排放领域的应用，将居民消费引入模型，建立"投入产出+消费支出"法，将居民间接能源消费与国民生产各行业相对应，测算居民消费间接碳排放情况，分析其数量与结构，并进行城乡比较。

第三，建立 IPAT–IDA 预测模型，将其应用到居民消费碳排放的峰值预测与情景分析中，估算 2025～2050 年中国居民消费碳排放的变动趋势，探讨中国碳减排目标实现的可行性，验证环境库兹涅茨理论在中国居民部门碳排放的适用性。

第二章
基础理论与国内外研究进展

第一节

相 关 基 础 理 论

一、可持续发展理论

随着人类社会的不断发展，科学技术进步飞速，生产力水平不断提升，人类改造和利用自然的能力增强，创造了前所未有的物质文明。然而，发展的背后隐含着深刻的忧患与不安：人口剧增、资源短缺、全球变暖、环境污染等问题严重。通过工业革命，人类驾驭自然的能力增强，铸就了"科技之剑"，人类通过改造自然获取大量的物质资源，进而实现经济的发展、生活水平的提升。就在人类为取得的累累硕果津津乐道时，却遭到自然的强力反抗。全球气候恶化，自然灾害频发，直接威胁到人类的生存与未来。人类逐渐认识到，物质财富的不断积累和经济规模的不断扩大，并不必然带来人类社会的可持续发展，反而可能导致自然环境的严重破坏、人类生存环境的不断恶化，甚至危害人类安全。20世纪后半叶，随着经济发展和环境之间的矛盾日益突出，学者们开始对传统的经济发展模式进行反思，提出了可持续发展理论。

1972年，联合国人类环境会议在瑞典首都斯德哥尔摩召开，通过了《联合国人类环境会议宣言》，提出"只有一个地球"，呼吁各国政府和人民为维护和改善人类环境、造福人民、造福后代而共同努力。1980年，联合国环境规划署委托国际资源和自然保护联合会编纂的《世界自然资源保护大纲》发表，其阐述了可持续发展的理念，指出人类利用对生物圈的管理，使生物圈既能满足当代人的最大需要，又能保持其满足后代人需要的能力。1987年，世界环境与发展委员会编写的《我们共同的未来》（又称《布伦特兰报告》）详细论述了可持续发展的概念，即既能满足当代人的需求，又不损害后代人满足其需求能力的发展。同时指出，不能将经济发展与生态环境相分离，世界上没有单独的环境危机或发展危机，两者构成了一个整体。1992年，联合国环境与发展大会在巴西里约热内卢召开，会议通过了《21世纪议程》，普遍接受了可持续发展的理念与行动指南，可持续发展成为各国共识。2000年，联合国首脑会议通过《联合国千年宣言》，确立了联合国千年发展目标（MDGs），可持续发展理念逐步引起重视并得到广泛认可。2006年，Zuindeau提出区域可持续发展的实践需纳入"外部可持续性"考量，以应对国家间的不平等与不均衡问题，这一视角引起了全球对可持续发展不均衡性、国际贸易影响等议题的研究（Liu et al.，2024；Xiao et al.，2024；Xu et al.，2020）。2015年，联合国可持续发展峰会在纽约总部召开，联合国193个成员国在峰会上正式通过17项联合国可持续发展目标（SDGs）。相较于MDGs，SDGs具有更广泛的适用性和综合性，对科研界提出了更高的理论创新与实践指导要求（傅伯杰，2020），SDGs旨在以综合视角，系统解决全球面临的社会、经济和环境挑战，引领世界走向更加可持续的未来（Basheer et al.，2022）。2022年，世界可持续发展峰会召开，其主题为"走向有弹性的地球：确保可持续和公平的未来"。会议着重指出，能源问题与可持续发展的多个关键方面紧密相连，加强对可再生能源的重视是达成全球人类共同愿景的核心所在。

随着发展环境的持续变迁，经济发展理论经历了从"增长理论"到"发展理论"再到"可持续发展理论"的重大变革。传统发展观聚焦于经济增长与物质财富积累，忽视了人与自然的关系。面对自然资源的有限性，可持续发展理论应运而生，旨在实现人类与自然、当代与后代、区域与全球之间的平衡与和谐。这一理论被视为"自然—社会—经济"复杂系统中的行为矢量，引领全球发展向更加合理、和谐的方向进化（牛文元，2012）。随着研究的不断深入，可持续发展理论不再局限于单一学科或领域，而是跨越自然科学、社会科学、经济学等多个学科边界，为解决全球性的资源短缺、环境污染、生态退化、社会不公等问题提供了全新的视角和策略。以黄河流域为例，基于流域系统科学理论，一系列与可持续发展紧密相关的研究工作已经展开。这些研究深入剖析了黄河流域系统的复杂性与治理挑战，针对黄河下游河道的滩槽协同治理提出了新策略，并探索了系统治理的实践路径(江恩慧等，2021)。有学者从行洪输沙、生态环境和社会经济三个维度出发，构建了黄河水沙多目标协同模型，以支撑流域系统的可持续运行(李洁玉等，2023)。还有学者考虑了防洪安全、资源利用、产业发展和乡村建设等多方面因素，在下游滩区开展了自然—社会—经济可持续发展的综合研究，并构建了相应的可持续发展评价指标体系(岳瑜素等，2020)，为黄河流域系统的可持续发展提供了科学依据和相对阈值参考(Wang et al.，2024)。

人类文明在漫长的演进历程中始终伴随对自然界的不断探索与利用。随着人口增长、科技进步和社会结构的复杂化，人类为满足自身日益增长的物质文化需求，对自然资源的开采与消耗呈现出加速态势。然而，一个不容忽视的事实是，自然界的资源并非取之不尽、用之不竭，其有限性构成了人类发展道路上的一道硬性约束。这种资源需求的无限膨胀与环境承载能力有限之间的根本性矛盾，成为制约人类社会可持续发展的关键瓶颈。因此，在推动社会进步的同时，如何妥善平衡人与自然的关系，成了一个亟待解决的时代课题。自然是人类生存发展的物质基础，它慷慨地提供了维系生命所需的物质资源与能源，构筑了支撑人类文明存续的优美环境与生态系统。与此同时，自然环境也在不断向人类提出挑战，如气候变化、生态退化和生物多样性丧失等问题日益严重，威胁着人类的福祉与未来。在此背景下，实现人与自然的和谐共生、协同进化，不仅是缓解环境压力的迫切需求，更是人类社会可持续发展的必由之路。可持续发展理论在此背景下应运而生，它将发展置于核心位置，强调了发展的必要性与重要性。但是，这一发展并非盲目追求速度与规模，而是追求一种全面、协调且可持续的发展模式。这一理论包含三个核心维度：发展性、协调性与可持续性。在发展内涵上，它倡导的是经济、社会、环境三方面的整体提升，追求的是人与自然、人与人关系的和谐统一，其自然观倡导尊重自然、顺应自然、保护自然，反对以牺牲自然环境为代价的短期发展行为；其社会观强调代际公平与分配正义，认为当代人的发展不应剥夺后代人享有同等生活质量的机会；其经济观主张在资源有限的前提下，通过技术创新与高效利用，实现经济的持续增长与转型升级，确保在现有资源禀赋下能够支撑起长远的可持续发展目标。

二、环境库兹涅茨理论

环境库兹涅茨理论借鉴 Kuznets（1955）提出的收入分配均等性与收入水平之间的倒 U 形关系，指出环境污染程度与收入水平呈倒 U 形关系。环境库兹涅茨理论揭示：环境质量在经济发展初期随着收入水平的提升而恶化，当经济发展到一定阶段，收入水平达到一定程度后，其随着收入水平的提高而改善。在经济发展的初级阶段，人类对物质资源的需求规模相对较小，此时人类改造自然的活动对自然环境造成的负面影响较小，没有对自然环境构成巨大的压力和冲击。随着社会经济不断发展，人类对物质资源的需求不断增加，加大了对自然资源的索取，出现了资源消耗速度大于再生速度的情况，污染物大量排放，环境降级严重。当经济发展进入高级阶段时，随着技术的进步，发展模式的转变，经济结构的调整，人们环保意识的增强及有效的政府管制，经济水平与环境的关联曲线出现拐点，实现人与自然的和谐发展。

最早关于环境库兹涅茨理论的研究主要有 Grossman 和 Krueger（1991），Shafik 和 Bandyopadhyay（1992）和 Panayotou（1993）。Grossman 和 Krueger（1991）在进行北美自由贸易区协议的环境效应研究过程中，利用全球环境监测系统（GEMS）中的 SO_2、烟尘等空气质量数据，通过建立回归方程对城市空气质量作了分析，发现人均收入与 SO_2、烟尘之间基本存在一种倒 U 形关系。Shafik 和 Bandyopadhyay（1992）根据世界银行提供的数据，利用线性对数、对数平方和对数立方对各项环境指标进行基于环境库兹涅茨理论的估计，发现水和城市污染并不符合环境库兹涅茨曲线假说，两者随收入水平的增加而减少，而悬浮颗粒物、SO_2 两种空气污染与环境库兹涅茨曲线假说相符合。Panayotou（1993）的研究也证明了环境库兹涅茨曲线的存在，并估算出不同空气污染物排放量的转折点，并将拐点出现的原因归结为产业结构的优化、技术的进步、环保支出的增加、环境管制的加强、环保意识的提高。John 和 Pecchenino（1994）基于叠代模型，指出环境污染来源于消费而不是生产，环境保护投资的存在是倒 U 形曲线成立的前提，认为环境会随时间而退化，除非对环境保护进行投资。Copeland 和 Taylor（2004）从经济增长来源、收入效应、环境政策和减排技术等方面对 EKC（环境库兹涅茨曲线）进行了检验，指出高收入国家环境退化的缓解源于技术进步，在一定的条件下可实现收入与环境之间的倒 U 形关系。

国内研究者考察了环境库兹涅茨曲线在中国的适用性，发现该曲线能够描述中国工业化进程所表现出的规律，并且"U"形拐点普遍偏左，但污染物排放指标及模型参数的设置会较大程度地影响曲线形状（高宏霞等，2012）。部分研究者在描述中国环境库兹涅茨曲线的过程中更倾向于选择代表性的省际数据，而非国家整体宏观数据（谷蕾等，2008）。例如，曲越等（2022）运用拓展的环境库兹涅茨曲线对中国 247 个城市进行研究发现，不同类型城市的 CO_2 排放路径存在差异，能源型和重工业型城市需经历两个阶段的增长后才能达峰，而轻工业型、技术型和服务型城市在经济发展初期即可实现碳达峰，技术型城市较好地协调了经济增长与 CO_2 排放的关系；陈楠、庄贵阳（2023）综合运用 Tapio 脱钩模型、环境库兹涅茨曲线和 Mann-Kendall（MK）检验预测了环渤海 C 形区域的碳达峰趋势；刘丹丹、张燕娟（2024）发现，浙江省新能源汽车的普及被证实能够有效改变环境库兹涅茨曲线拐点的位置，实现拐点跨越，并表明通过调控情景措施可以改变峰点的位置。

能源消费过程中产生的大量烟尘是空气污染、环境降级的主要影响因素，能源强度通常用于验证 EKC 假说。在工业化初期，能源需求规模不断扩大，能源消费强度呈不断上升的态势，并逐渐到达峰值，但随着经济的不断发展，能源技术不断进步，能源效率随之提高，能源消费强度随之下降（Karim，2005）。然而，部分实证研究表明，有别于能源强度，居民能源消费并没有出现"随收入水平提升，能源消费需求下降"的情况，环境库兹涅茨曲线假说并不存在于消费层面。这是因为无论在发展中国家还是发达国家，即使生产部门的能源效率得到显著提高，降低了生产部门的能源强度，但居民部门的能源需求可能仍存在增长的情况。能源效率的提高并没有降低能源强度，反而导致能源需求增加，这说明技术进步具有反弹效应(朱勤，2011)。这是因为技术进步提高了能源利用效率，降低了单位能耗，进而降低了商品和服务的价格，这反过来可能刺激消费者为了追求最大效用进行更多的能源消费，产生更多的碳排放。

反弹效应说明了为何能源利用效率的提升没有降低能源强度，反而促进了能源消费总量的增长(刘朝等，2018)。反弹效应带来的后果包括：①价格效应。当企业通过技术创新或流程优化等手段实现生产效率的提升时，生产成本相应降低，这直接导致产品的市场价格下降。在市场竞争激烈的环境下，价格优势往往能激发消费者的购买欲望，进而促使需求量上升。这种由价格降低引发的需求增加，实际上是对原有节能减排成果的抵消，即所谓的"反弹效应"。它不仅违背了通过提高能效来降低能源消耗的初衷，还可能因需求量的激增而导致整体能源消耗量不降反升。②收入效应。随着产品成本的降低，企业在保持利润不变的情况下有能力提供更多的就业机会或提高员工薪酬，从而间接提升消费者的实际收入水平。可支配收入的增加，使消费者有能力并且更愿意购买更多的商品和服务，尤其是那些能源密集型产品，如私家车、大型家电等。这种消费行为的升级同样加剧了能源需求的增长，与节能减排的初衷背道而驰。③替代效应。在居民消费结构中，能源支出因技术进步或政策引导而减少会增加能源消费，或者会增加非能源商品和服务的消费，从而引致全社会能源消费量的减少不及预期的现象(许光清等，2023)。因此，尽管表面上看似减少了直接能源使用，但实际上通过间接途径刺激了整体的能源需求，形成了另一种形式的反弹效应。

三、低碳消费理论

低碳消费的研究源于对低碳经济的研究，低碳经济的提出主要因为人类活动向大气排放了大量的温室气体，引发了全球气候变化、气温上升。2003 年，英国发布的《我们能源的未来：创建低碳经济》白皮书首次提出了"低碳经济"的概念。英国积极践行低碳经济，出台了一系列鼓励低碳生产的政策和举措，并确立了建立低碳经济社会能源发展的总体目标，宣布到 2050 年英国将成为一个低碳经济国家，CO_2 的排放量将在 1990 年的水平上削减 60%。2008 年，联合国环境规划署确定当年"世界环境日"的主题为"转变传统观念，推行低碳经济"。低碳经济是人类社会应对气候变化，实现可持续发展的一种有效模式，旨在降低能源消耗、减少环境污染，优化能源消费结构，实现低能耗、低排放、低污染的发展。一个国家（或地区）向低碳经济转型的过程，就是温室气体排放与经济增长不断脱钩的过程。

一直以来，有关低碳消费的研究大多围绕如何改变居民高能耗、高污染、高排放的消费模式展开，即如何由高碳的消费行为向低碳的消费行为转变。20 世纪 70 年代，石油危机在全球爆发，能源保护问题突出，学者们开始研究能源经济安全，激励人们减少能源消耗，同时政府部门制定干预策略来鼓励人们节约能源。21 世纪初，受全球气候变暖和环境恶化的影响，更多学者开始研究低碳经济问题，此时的研究重点集中在能源的利用效率和可持续发展问题上。学者们普遍认为，提高能源利用率是解决问题的关键，随着技术的进步，能源利用效率得到提升，环境恶化等问题得到缓解和抑制。与此同时，气候变化带来的环境恶化受到广大消费者的关注，但是他们难以在短时间内改变高碳的消费习惯，以应对气候变化问题。中国学者陈晓春（2009）较早进行了低碳消费方面的研究，他认为低碳消费应该实现低能耗、低污染和低排放，是一种基于文明、科学、健康的生态化消费方式。后续研究进一步指出，低碳消费模式的推广不仅能够有效减轻环境压力，还能促进能源结构的优化和产业结构的转型升级（郭淑娟，2022），形成绿色低碳发展新动能（张志勇，2018），对实现可持续发展具有深远影响。

低碳消费是一种科学、文明、健康、绿色的消费方式，是要求消费者在资源消费过程中以低能耗、低排放、低污染为方向，以实现生态文明建设为目标的可持续消费模式。要全面充分理解低碳消费，需要把握以下几点：①低碳消费的关键是低碳，因此判断一种消费行为、一种消费模式、一种消费制度是不是属于低碳消费，关键看它是不是"低碳"。对低碳消费的理解不能泛化，水、空气等方面的低污染消费有许多并不属于低碳消费，如使用无磷洗衣粉虽然是低污染的消费，但并没有直接降低"碳"的排放，因此不属于低碳消费。②低碳消费的本质是消费领域的低能耗或者高能效。因为碳排放与能耗有关，在产出（表现为消费效用）一定的情况下，能耗越低，碳排放量就越低；反之，在消费量一定的情况下，能耗越高，碳排放量就越高。③低碳消费是全面而广泛的，从外延上说，低碳消费包括衣食住行用等所有生活消费的各个领域和各个方面。换言之，凡是与生活消费有关的衣着、饮食、居住、出行、家用、娱乐、交友等低碳行为，均属于低碳消费。④低碳消费是历史的。低碳消费是特定历史时期的产物，人类早期由于人口数量较少、生活消费水平低，消费的碳排放量很少，不足以影响全球气候，因此没有着重提倡低碳消费。工业革命以来，人类活动的碳排放量迅速增加，尤其是20世纪中叶以来，碳排放的增加导致全球气候变暖加速，引发了各种生态环境问题，因此需要倡导低碳经济，包括低碳消费。⑤低碳消费是相对的。这种相对性包括两层含义：第一，对于同一消费方式，在一定历史条件和科技水平下，某种消费行为属于低碳消费，但是随着条件变迁和科技进步，可能会出现更低碳的消费行为，于是原来的某种消费行为就转变为高碳消费。这就如同投入产出效率一样，效率会随着科技水平、管理水平的提高而提高，因此效率的高低往往是相对的。第二，对于不同消费方式，某种消费方式下的低碳消费相对于另一种消费方式而言可能属于高碳消费。例如，目前轿车油耗达到7升/100千米左右的水平，相对于以往轿车，它属于低碳消费，然而与自行车相比，轿车就属于高碳消费。

四、消费者生活方式理论

能源消费及其与之相关的 CO_2 排放量不仅受技术效率的影响，还受人类生活行为的极大影响。消费者生活方式理论最早在荷兰的生活方式研究项目中提出，此研究通过居民消费模式的变化来分析消费者生活方式和能源需求之间的关系。Schipper 等（2003）认为，能源需求的变化由以下因素决定：能源价格、消费者收入水平、居民的住所，以及私人行为等。Bin 和 Dowlatabadi（2005）发展了消费者生活方式理论，他们通过分解消费者生活方式的所有成分，分析购买与使用消费性产品和服务的个人和家庭的消费行为，并指出消费者的决策制定受外部环境、个体决策、家庭特征、消费选择、结果五组相互作用的因素共同影响。Moisander（2007）将这些因素总结为驱动决策的内在因素（个人偏好、价格、收入等）与社会经济外界动因（文化、环境、自我定位等），消费者决策制定过程较为复杂，其影响因素之间具有差异性与竞争性。

在消费者生活方式理论分析框架中，消费者一方面进行能源的直接消费，另一方面为了满足衣食住行的需要还要消费大量的商品，这些商品在生产、加工过程中都需要能源的投入，构成了能源的间接消费。因此，消费者的消费行为对能源消费及 CO_2 排放所产生的影响可分为直接影响和间接影响。消费者是指为了满足个人或家庭消费的需要而购买、使用产品或服务的群体。消费方式是一种生活行为，它可以影响生活行为，反过来生活行为也可以反映消费方式。理性的决策制定被五组相互作用的因素所影响：①外部环境：文化背景、社会技术进步、消费观念；②个体决策：观念、个人偏好、消费动机；③家庭特征：家庭所在地、家庭收入、家庭规模、房屋面积；④消费选择：商品和服务信息的可获得性；⑤结果：由消费者活动和行为引致的能源消耗和环境变化等。外部环境因素对消费者行为的影响最大，决定着其他四个方面。由于外部环境不同，因此不同国家，甚至同一个国家不同地区的消费行为也是不同的。

居民消费是一个复杂的社会过程，不仅是单个行为个体消费活动的加总，居民消费过程与为之服务的生产和分配系统相联系（OECD，2002）。随着互联网和现代信息技术的飞速发展，居民消费方式有了很大转变，其中线上购物、移动支付、数字订阅服务等新兴消费方式逐渐流行，这些变化不仅极大地丰富了消费者的选择，还深刻影响了生产和分配系统的运作。另外，这种消费模式的转变也对碳排放产生了影响。随着消费水平的提升和消费结构的多样化，居民在日常生活中产生的碳排放量不断增加，给环境带来了巨大压力。为了应对这一挑战，绿色消费作为一种新型的消费理念逐渐受到人们的关注。绿色消费也称可持续消费，是一种以适度节制消费，避免或减少对环境的破坏，崇尚自然和保护生态等为特征的新型消费行为和过程（杨开忠，2022）。它不仅包括选择未被污染或有助于公众健康的绿色产品，还包括在消费过程中对垃圾的处置，不造成环境污染，倡导节约资源和能源，以实现可持续消费。《2024 绿色发展报告》显示，绿色消费已成为新风尚，年轻消费者更愿意为可持续品牌和产品买单。这种趋势不仅体现在消费者对品牌的倾向性上，还反映在他们的消费决策中。越来越多的消费者开始关注产品的环保性能和生产过程，选择那些在生产、包装、运输及回收处理过程中对环境影响较小的产品。为了深入分析并量化这种消费模式转变对环境的实际影响，消费者生活方式理论成为有力的分析工具。该理论不仅能够帮助我们理解消费者决策的制定过程，还能将其与对碳排放的影响紧密联系起来。通过这一理论，我们可以评估居民生活消费方式所引起的直接能耗和间接能耗，以及相应的 CO_2 排放量。这种方法既适用于基于调研数据的碳排放微观层面评估，也适用于基于统计数据的碳排放宏观层面评估，从而确保计算结果的全面性和准确性。

五、投入产出理论

1936 年，美国经济学家瓦西里·列昂惕夫（Wassily Leontief）开创性地引入了投入产出概念，这一理论也被称为部门平衡分析。其核心在于，通过精心设计的表格和相应的线性代数方程式，深刻揭示出经济体系中各部门之间错综复杂的相互依赖关系。自 20 世纪 40 年代开始，投入产出理论的应用领域不断拓展深化，成为联合国和各国编制国民经济和社会发展中期计划的重要决策依据，以及进行国民经济核算体系建构的重要科学方法（Isard，1951）。在投入产出分析框架内，投入主要涵盖生产过程中不可或缺的各类资源消耗，如原材料、能源及劳动力等，产出则涵盖各部门的初始产出、作为中间环节投入其他部门的产出及最终面向市场的产出。这一分析方法不仅全面体现了经济活动的内在逻辑，还为深入研究经济系统的结构与功能提供了强有力的工具。

投入产出表作为投入产出分析的具体载体，以量化的方式直观展现了各行业之间的经济联系，并将这些抽象的经济关联转化为具体的实物联系，在多个领域都发挥着不可替代的作用。在农业领域，它有助于评估不同农作物种植的经济效益及其对产业链上下游的影响（李名威等，2019）；在工业领域，它可以揭示各生产环节之间的依存关系，优化生产流程（张鑫等，2022）；在服务业领域，投入产出表能够分析各服务行业之间的联动效应，为服务业的发展规划提供数据支持。特别是在面对居民消费碳排放这一复杂问题时，居民消费与生产消费紧密相连，且相关数据来源广泛、种类繁多、统计难度大，投入产出表的应用显得尤为重要。通过这一工具，研究人员能够将复杂的经济消费活动转化为具体的碳排放量，并进一步将这些排放量科学地分摊到各个行业部门中，从而清晰地区分出直接碳排放与间接碳排放。投入产出表不但帮助研究人员从源头上把握了碳排放的来源，而且极大地简化了居民间接碳排放的测算过程，为制定更加精准有效的环境保护政策和碳减排策略提供了坚实的科学依据，有助于推动经济社会向低碳、绿色、可持续的方向发展。

第二节

国 内 外 研 究 进 展 与 评 述

一、居民消费碳排放的研究

居民在社会经济中承担着众多角色：作为投资者为社会生产提供资本，作为生产者为生产中间部门（提供能源、原料、部件、半成品的部门）

和终端商品部门提供劳动力和资本，作为消费者购买和使用终端商品部门提供的产品和服务。所有与商品生产相关的环节都可能存在能源消耗，产生 CO_2 排放，影响环境安全（Dalton 等，2008）。

在"人口—碳排放"关联的定量评估研究中，环境压力等式 IPAT（Ehrlich and Holdren，1971）被广泛应用。在 IPAT 模型中，碳排放的驱动力主要由人口、富裕程度和技术水平决定。其中，I 代表环境影响，P 代表人口，A 代表富裕程度（指人均国民生产总值），T 代表技术水平。但是，IPAT 模型存在两个基本问题：一是 IPAT 模型没有解决自变量间的相互影响问题，对人口因素的泛化考量会削弱财富与技术进步的影响；二是 IPAT 模型中的变量无法进行有效性检验，模型的分析结果会受到影响。Dalton 等（2008）将人口年龄结构变量引入能源—经济增长模型中，建立了人口—环境—技术（PET）多代模型，指出不同年龄组特征造成的代际差异导致居民的直接和间接能源需求不同，在人口压力不大的情况下，人口老龄化对长期碳排放有抑制作用，这种作用在一定条件下甚至大于技术变革因素对碳排放的影响。此外，由于居民消费碳排放水平与当地经济发展水平密切相关，因此居民消费碳排放与居民消费水平的关系也受到学者们的广泛关注。Guan 等（2008）通过研究美国居民消费的碳足迹情况，发现居民的收入和支出水平与碳排放有较高的相关性，是影响美国居民消费碳足迹的最主要因素。Druckman 和 Jackson（2009）回顾了 1990~2004 年英国家庭的碳足迹，发现在 20 世纪 90 年代英国家庭的碳排放与家庭支出就已经出现了脱钩现象。Kennedy 等（2013）聚焦于加拿大亚伯达地区的家庭，指出家庭碳足迹与收入水平紧密相关，其中顶尖收入家庭的碳排放量是最低收入家庭的 2.2 倍。Irfany 和 Klasen（2017）运用投入—产出法剖析了印度尼西亚居民的碳足迹及其驱动因素，发现居民支出是影响其生活碳排放的主导因素。Seriño 等（2017）同样采用投入产出法探究了菲律宾居民生活碳排放与收入之间的关系，得出了不同的结论：菲律宾居民的生活碳排放并未随收入的增加而单调递增，也未出现增长拐点，反而可能随着财富积累转向高碳生活方式。

国内有关居民消费碳排放的研究始于 2010 年，朱勤等（2010）对中国人口、消费与碳排放进行了系统研究，从消费压力人口视角定量分析了中国居民消费对碳排放的影响问题，指出中国居民消费与人口结构变化对碳排放的影响已超过人口规模变化带来的影响。汪臻等(2012)从消费角度对碳排放问题进行了研究，测算了中国 30 个省份的居民生活用能碳排放情况，分析了居民生活用能碳排放的基本状况和变动趋势，并进行了区域比较。Qu 等(2015)的研究发现，人均收入水平和城镇化率是居民消费碳排放增长的主要影响因素，人均收入水平、城镇化率、家庭规模和人均消费碳排放有较大的关联性。王会娟、夏炎(2017)对中国居民消费碳排放的影响因素及发展路径进行分析，指出考察期内虽然中国居民消费引致的碳排放量总体呈现显著的上升趋势，但从结构和影响因素的维度来看中国居民消费仍在走低碳发展道路。马晓微等(2019)探究了收入及收入差距与中国居民消费碳排放间的相关性，发现收入与居民消费碳排放量呈非线性正相关关系，而收入差距与居民消费碳排放为负相关。郭蕾、赵益民(2022)从需求端出发，研究发现华北地区城镇居民消费碳排放递增，生存型消费占比较大。田学斌、王冬(2024)发现，数字普惠金融能减少城镇居民碳排放，且主要影响生存型消费。

二、居民消费碳排放的评估方法

居民消费碳排放包括直接碳排放和间接碳排放两部分，居民消费碳排放的评估方法与之对应，也分为居民消费直接碳排放的测算和间接碳排放的测算。居民消费直接碳排放的测算方法主要有碳排放系数法和碳足迹模型；居民消费间接碳排放的测算方法主要有生命周期评价方法(LCA)、投入—产出方法(IOA)和消费者生活方式分析法(CLA)。

(一)消费直接碳排放

从国内外研究来看，居民消费直接碳排放的计算相对比较简单，通常采用碳排放系数法，其原理是用居民的能源消耗量乘以相应的碳排放系数，计算公式如下：

$$E_c = \sum (Q_i \times e_i \times c_i) \times o_i \times \frac{44}{12} \qquad (2-1)$$

其中，E_c 为居民直接能源消费产生的 CO_2 总量；Q_i 为某种类型能源（如原煤、汽油、天然气等）当年的表观消费量；e_i 为某种类型能源的热量转换系数（能源原始单位转换成通用热量单位的转换系数）；c_i 为燃料的平均碳含量，即碳排放因子；o_i 为燃料的碳氧化系数。

曲建升等（2012）利用碳排放系数法，测算了中国西北地区居民生活直接能源消费碳排放情况，发现中国居民生活直接能源消费碳排放的区域差异较大，西北地区水平较低。Qu 等（2015）采用碳排放系数法，结合相关统计数据，对中国城乡居民生活直接能源消费碳排放进行测算，发现城乡居民收入水平、消费结构的差异导致中国城乡居民生活能源消费碳排放有着较大的差距。Xu 等（2017）利用碳排放系数法，对中国中部六个地区的 18 个城市的碳排放水平进行了测算，分析其特征和趋势及行业结构特点。陈加友、李鲜（2023）基于 2000~2020 年中国城镇与乡村居民的能源消耗数据，采用碳排放系数方法和 GDIM 分解模型，深入分析了中国城乡居民能源消费的碳排放及其驱动因素，并利用超效率 SBM 模型评估了碳排放效率。碳排放系数法的优点在于计算简单、易懂、易操作，但其并不能将居民消费中所有燃料消耗所产生的碳排放进行精确计算，只能作粗略估算。碳排放系数法不仅适用于能源消耗产生的碳排放测算，还适用于居民消费直接碳排放的测算（Liu et al. ，2017）。

此外，随着公众对居民消费引起的碳排放的关注度的提升，一些国家开发了消费碳足迹计算器来估算居民直接能源消费产生的碳排放，其主要应用于消费者生活用能及交通出行产生的直接碳排放。Yu 等（2022）比较了中国和日本的家庭碳足迹及其驱动力，发现随着经济的发展，食品碳足迹将减少，而住房碳足迹将增加。消费碳足迹计算器的工作原理与碳排放系数法基本一致，通过乘以相应的碳排放系数，将消费者生活中消费的煤炭、石油、电力等消耗量转换成碳排放量。消费碳足迹计算器同样没有考量消费者在衣食住行用中消费非能源商品所产生的碳排放（Padgett et al. ，2008；Kenny and Gray，2009）。消费碳足迹计算器通常被看作居民想了解其日常生活用能所产生的碳排放的一种工具,其测算方法是建立在碳排放系数法基础上的,因此学术研究一般更倾向于利用碳排放系数法来测算居民消费直接碳排放(Rosas et al.,2010)。

(二)消费间接碳排放

居民消费间接碳排放是居民消费的商品和服务在生产、运输、销售过程中产生的能源消耗所引致的碳排放。因此,居民消费间接碳排放的计算从根本上看是追踪居民消费的商品和服务在其生命周期内消耗能源所产生碳排放。居民消费间接碳排放的计算过程比较复杂,目前主要有三种计算方法,分别是生命周期评价法、投入产出法和消费者生活方式法。

20世纪六七十年代,美国开展的有关包装用品的环境分析评价提出了资源与环境状况分析法,就是所谓的生命周期评价法,分析产品或服务在其整个生命周期过程中对环境产生的影响。Jones 和 Kammen(2011)运用生命周期评价法研究美国 28 个城市不同大小及收入家庭的碳足迹,发现人口特征不同的地域碳足迹的组成和大小均有差距。此后,该方法又进一步地用于研究居民消费碳排放,赵红艳等(2012)运用生命周期评价法研究辽宁省各行业碳排放的规律,研究表明从消费角度看第二产业的碳排放总量占比达到 53.79%。此方法目前在产品和服务方面应用广泛,但在边界确定方面比较复杂,因此该方法在核算成本和耗时方面具有一定的局限性(付伟等,2024)。利用生命周期评价法测算居民消费间接碳排放,需要获取产品和服务在整个生产、运输、消费过程中的所有数据,测算结果的准确性较高,但对基础数据的要求也较高,操作难度较大,因此生命周期评价法在居民消费间接碳排放中的应用较少(Reinders et al.,2003;Golley et al.,2008)。

投入产出法于 20 世纪 70 年代提出,随着居民消费碳排放相关研究的兴起,其被应用到居民消费间接碳排放的测算中,通过研究产品和服务中所隐含的能源消费来测算碳排放水平。相较于生命周期评价法,投入产出法的优势比较明显,数据可得性较强,目前是居民消费间接碳排放测算的主要方法。国内外学者运用投入产出法,从不同的角度对消费碳排放问题进行了大量实证研究（Lenzen，1998；Park and Heo，2007；朱勤等，2010；Qu et al.，2015；Liu et al.，2017）。Kok 等（2006）综合分析了投入产出法在居民消费碳排放领域的应用，根据研究所用数据的差异，将投入产出法分为基本投入产出法、投入产出消费支出法、投入产出过程分析法三类，并分析了各自的适用性与优缺点。赵玉焕等（2018）运用投入产出方法，量化分析了居民消费的间接碳排放问题，发现在降低居民消费碳排放的过程中，应进一步注重优化产业结构和居民的消费结构。崔盼盼等（2020）同样运用投入产出法，对中国城镇居民消费碳排放的空间格局演变展开分析，发现中国城镇居民消费碳排放呈现东部高、中西部低的空间分布特征。彭璐璐等（2021）综合运用投入—产出法和结构分解分析法，核算了 2002~2017 年中国居民消费间接碳排放水平，发现其呈现出先增长后下降的趋势。王长波等（2022）基于投入产出模型系统，核算了 2017 年中国居民消费间接碳排放量。

Bin 和 Dowlatabadi（2005）在探索居民消费碳排放领域时，创新性地提出了消费者生活方式法，并深入探讨了该方法在评估居民消费间接碳排放中的适用性。该方法通过整合居民消费支出的经济数据与投入产出矩阵，精确计算出相关经济活动中的碳排放量，从而揭示出居民消费活动所隐含的间接碳排放水平。具体而言，消费者生活方式法将居民消费支出与对应的工业部门紧密相连，依据居民消费支出情况及工业部门的碳排放强度来测算间接碳排放水平。Feng 等（2011）针对中国不同收入水平下居民的生活方式对能源消耗及碳排放的影响进行研究，发现城市家庭直接能源消耗的增速超过农村家庭，同时高收入家庭的间接碳排放量显著高于低收入家庭。这一发现与范玲和汪东（2014）的研究结果相呼应，后者进一步测算了 1993~2007 年我国居民消费的间接碳排放量，并指出这一期间居民间接碳排放呈持续增长趋势，特别是在 2007 年城镇居民人均间接碳排放量已达到农村的三倍。消费者生活方式法的优势在于，其能够将微观分析与宏观研究相结合，提供准确且全面的碳排放评估结果。但是，该方法的实施也面临一定挑战，即需要收集大量的微观数据，且在区分进出口产品和服务的碳排放情况方面存在局限性。尽管如此，消费者生活方式法仍为理解和量化居民消费对碳排放的影响提供了有力的工具。

三、居民消费碳排放峰值预测研究

人口与消费对碳排放影响的研究可以在一定程度上揭示出各影响因素与碳排放之间互动发展的规律，进而从人口与消费角度为未来节能减排政策制定提供一定的决策依据。国内外研究的一般思路是，基于人口与消费对碳排放影响机制的分析建立系统模型，变动调控变量进行模拟运行，由此得到不同的仿真情景并进行比较分析。此类研究的关键在于，相对合理的人口—消费—碳排放模型的构建，以及用于情景分析的调控变量的选取与设置(朱勤等，2010)。

Dalton 等(2007)利用 PET 多代模型，通过改变人口总量、城镇化水平、家庭规模与年龄结构等变量，研究其对中国与印度家庭在居民消费、经济增长、能源需求、碳排放方面的潜在影响。Shimoda 等(2010)利用终端能源模型分析日本生活部门的碳排放问题，并模拟了日本居民部门直接碳排放的未来趋势，指出到 2025 年左右日本居民生活部门能源消耗和对应碳排放才能达峰。渠慎宁和郭朝先(2010)利用 STIRPAT 模型对中国碳排放水平进行模拟，指出中国碳排放达峰时间可能在 2032~2040 年。王宪恩等(2014)分析区域能源消费碳排放峰值预测及可控性问题，以吉林省为例设定低碳情景、节能—低碳情景、节能情景和基准情景四种情景，利用扩展的 STIRPAT 模型对能源消费碳排放进行预测。Yuan 等(2014)基于 Kaya 理论构建不同情景，分析中国未来能源消耗和能源碳排放问题，指出中国能源消费和能源碳排放分别在 2035~3040 年和 2030~2035 年达峰。曲建升等(2017)利用情景分析法，结合排放结构、排放强度、消费倾向、人均收入、城镇化率、人口总量等诸多因素，对中国居民的消费碳排放进行峰值预测。刘云鹏(2017)应用 STIRPAT 模型拟合中国居民家庭能源消费碳排放，发现经济快速发展是碳排放增加的主因，人口次之，而居民消费占比呈负向影响。胡振等(2020)基于 BP 神经模型与入户数据，对西安城市家庭消费碳排放进行了预测。

四、居民消费碳减排政策选择研究

20世纪90年代以来，随着居民部门能源需求的不断增长，世界各国逐渐意识到居民部门在削减能源需求中的重要性，节能减排政策逐渐覆盖居民部门。在第一次世界能源危机中，节能减排政策关注的重点是石油价格的不断上涨；在第二次世界能源危机中，随着各种能源价格的普遍上涨，节能减排政策逐渐倾向于能源效率的提高和可再生能源的推广。随着全球气候变化的日益严峻，尤其是CO_2等温室气体大量排放引发的全球变暖，节能减排政策逐渐转向碳减排（Schipper et al.，1996）。从发达国家居民部门能源需求的发展经验来看，随着居民生活质量的不断提升，居民部门的能源需求将不断增长，不会出现自动下降的趋势，需要节能减排政策引导和管制。荷兰1948~1998年居民部门能源强度的变化趋势表明，消费领域并不会自动去物质化（Kees and Blok，2000）。就目前的节能减排政策来看，政策的管制对象多为生产领域，消费领域实施的节能减排政策较少，且多为引导性、宣传性的非强制性政策，因此通过合理的消费碳减排政策来引导居民走向低碳消费显得尤为紧迫（冯周卓、袁宝龙，2010；赵立祥、王丽丽，2018）。

碳税作为一种被广泛评估的碳减排政策工具，在税收政策中占据着重要地位。芬兰于1990年率先实施碳税政策，随后丹麦、瑞典、英国、冰岛、日本等多个国家相继跟进，通过征收碳税来推动碳减排。荷兰推行的能源管理税主要将家庭及小型能源消费者作为征收对象，旨在通过提高能源成本来刺激消费者减少能源需求。这一措施取得了显著成效，荷兰的碳排放量因此减少了1.5%，同时政府的财政收入增加了近20亿欧元。Winkler（2017）指出，碳税不仅可以减少碳排放，还可以实现能源减贫的目标。Sagar（2004）提出，征收石油税、建立"能源扶贫"基金可以实现能源减贫、碳排放减少。碳税政策不仅有助于实现碳减排目标，还能为政府增加财政收入、减少能源浪费，实现环境政策的双重红利。然而，碳税政策的实施也面临一些挑战，居民对碳税的反应存在一定的迟钝性，消费者的消费习惯一旦形成，往往难以在短时间内发生改变，这在一定程度上削弱了碳税对能源价格的调节作用。此外，碳税政策在控制消费碳排放方面存在一定的不确定性，使单一的碳税政策难以确保高强度减排目标的实现。

个人碳交易(PCT)机制作为一种创新的居民消费碳减排政策，其意义不仅在于直接推动碳排放的减少，更在于其作为一种综合性的市场机制，能够产生多重积极效应。首先，个人碳交易机制通过设立碳配额和允许碳配额在市场上自由交易，激励居民主动减少碳排放。这种机制使每个居民或家庭都能够在日常生活中更加关注自己的碳排放行为，从而采取更加环保和低碳的生活方式。其次，个人碳交易机制还具备货币补偿的特性，它能够促进福利的再分配(范进，2012)。在个人碳交易机制下，碳排放配额成为一种稀缺资源，其价格由市场供求关系决定。一部分人由于消费能力和能源使用量相对较大，可能需要购买更多的碳排放配额(刘自敏等，2022)，一部分人则可能因为消费水平和能源使用量较低而拥有多余的配额。这种机制使富人通过支付更多的费用或使用更少的能源来补偿其对环境的负面影响，同时穷人可以通过出售多余的配额获得经济补偿，从而实现能源减贫的效果。因此，个人碳交易机制不仅是一种有效的减排机制，更是一种具有货币补偿和福利再分配功能的政策工具。它能够在促进居民碳减排的同时，通过市场机制实现资源的优化配置和财富的再分配，为实现可持续发展和构建公平、绿色的社会提供有力支持。这种机制的创新性和综合性，使其在未来碳减排和环境保护领域具有广阔的应用前景和深远的社会意义。

居民消费碳减排政策的选择需要考虑减排政策的多目标性及政策的组合问题，要对碳减排政策的效率、效果和公平性进行评估，选择科学合理的政策组合。政策设计的一般原则：①政策选择要结合实际情况，从历史给定的初始状态出发；②政策选择是一个不断调整的过程，以适应不断变化的条件；③政策工具的选择是一个循序渐进的过程，需要为政策调整预留一定的缓冲空间；④不同的政策目标对应不同的政策手段，整体目标的实现需要不同政策的组合(Daly and Farley，2004)。居民消费碳减排政策的选择不仅要考虑政策实施的效果、政策的成本收益性问题，还要考虑政策的可行性及政策执行过程中出现的分配问题，仅从某一方面进行评估很难得到有效的结果。

第三节

国内外研究现状的简要评述

国内外学术界关于碳排放的研究传统上聚焦于生产部门，相应的政策制定活动主要围绕这一领域展开。然而，随着居民部门碳排放量的持续攀升，特别是在发达国家，居民部门的消费碳排放已经占据了国家整体碳排放水平的60%~70%，这一现象引起了学者们的广泛关注。他们开始将研究重心转向居民部门的碳排放问题，并围绕"人口—碳排放—环境"这一分析范式进行深入探讨，不断对这一研究方法进行改进和优化。在研究内容上，学者们主要关注居民消费碳排放的测算方法、影响因素分析，以及居民或家庭差异性对消费碳排放的具体影响。现有的研究大多侧重于碳排放与人口数据的关联性分析，对居民异质性所带来的影响探讨较少，同时对居民消费碳排放的动态预测也相对匮乏。针对这一现状，本书充分利用居民消费碳排放的相关研究方法，结合中国在发展过程中居民消费的特点，对中国居民消费碳排放的水平进行全面评估，并深入分析其特点，特别是城乡之间的显著差异。此外，本书还对居民消费碳排放的达峰路径进行了情景模拟，以期为未来政策的制定提供科学依据。

展望未来，碳排放格局的变化将进一步凸显居民消费碳减排目标实现的重要性。由于生产部门的碳减排政策在消费部门的适用性相对较弱，因此设计和制定合理有效的消费部门碳减排政策显得尤为重要。与发达国家相比，中国在消费碳减排政策的研究与实践方面相对滞后。西方国家已经将居民消费碳排放纳入能源政策及减排政策的管制范围，并建立了相对完善的政策体系。然而，在国内，关于居民消费碳排放的研究尚处于起步阶段，研究的重点仍然集中在消费碳排放的测算与影响因素上，对居民消费碳减排政策的研究相对薄弱。鉴于此，本书提出消费碳排放的福利经济分析范式，深入探讨消费碳减排政策的福利影响，旨在为中国居民消费碳减排政策的制定提供有益的参考和借鉴。

第四节
本 章 小 结

　　本章首先梳理了与居民消费碳排放研究相关的理论，分别探讨了可持续发展理论、环境库兹涅茨理论、低碳消费理论、消费者生活方式理论、投入产出理论等对本书研究的借鉴作用。国内外有关碳排放的研究多集中于生产部门，政策制定多围绕生产部门展开。随着居民部门碳排放量的不断增长，学者们开始关注居民部门的碳排放问题。研究的落脚点主要围绕"人口—碳排放—环境"分析范式。本书利用消费碳排放的相关研究方法，结合中国发展过程中居民消费的特点，评估中国居民消费碳排放的水平，并分析其特点，尤其是城乡间的差异，同时对居民消费碳排放的达峰路径进行情景模拟。

　　与发达国家相比，中国消费碳减排政策的研究与实践相对比较滞后，西方国家已将居民消费碳排放纳入能源政策及减排政策的管制范围，并形成了较为完善的政策体系。本书提出消费碳排放的福利经济分析范式，探讨消费碳减排政策的福利影响，为中国居民消费碳减排政策的制定提供参考。

第三章

居民消费碳排放的福利分析

居民在消费商品过程中需求得到满足，获得消费效用，但部分商品在其生产或消费过程中向空气中排放 CO_2 及其他温室气体，产生了碳排放，加重了环境的负担。消费碳排放的基本属性包括外部性属性、公共物品属性、公共资源属性、权利属性和发展权益属性。其中，外部性是消费碳排放的基本属性，消费碳排放产生的负外部性造成社会福利损失，需要对碳排放进行有效管制。公共物品属性说明全球空气质量需要保护，避免"公地悲剧"发生。公共资源属性意味着任何人都可以自由地使用公共环境资源，不会因其他人的使用而受到限制，但其可用性会随之减少，其他人在同一时间内无法完全享受相同的利益。权利属性意味着人人享有均等的碳排放权，维持个人基本生活需要的碳排放应得到满足。发展权益属性指出居民消费碳排放可能引发分配问题，不同社会群体的消费碳排放存在差异，应采取不同的对待策略，保护弱势群体的发展权益。目前，中国居民消费碳排放基本格局分布较不合理，弱势群体的权利和发展权益得不到保证。因此，居民消费减排政策应保障居民的基本生活需要，抑制奢侈浪费性消费，实现减排目标的同时提升社会福利水平。

第一节

碳 排 放 的 基 本 属 性

一、外部性属性

外部性是指在生产或消费过程中给他人带来的非自愿的成本或收益，

成本为负的外部性，收益是正的外部性。CO_2 等温室气体排放的外部性属性主要体现在其对社会福利和环境的影响上，具体可以分为正外部性和负外部性。碳排放的正外部性体现在降低企业和国家的生产成本上。空气作为全球共享的资源，许多生产单位在使用这一资源时并未支付相应的成本，但获得了超量利润。在这种情况下，碳排放的正外部性表现为技术创新、产品创新和消费模式创新等带来的全球共享利益。依据普遍情况来论，CO_2 等温室气体排放在社会发展中主要呈现显著的负"外部性"特征，碳排放的负外部性表现为对全球环境造成的负面影响，如全球温度上升、海平面上升、极端气候增多、环境污染等。碳排放造成的气候变化和环境恶化往往由全社会共同承担，但排放者本身并未支付相应的成本。因此，碳排放的负外部性导致社会总福利下降。除此之外，碳排放不仅发生在生产部门，消费部门同样存在碳排放。居民消费引发的碳排放导致温室气体水平超出环境自调节的阈值，引发全球气候问题，增加社会成本，但排放者并未为此支付成本。与传统的负外部性相比，CO_2 等温室气体排放有其特殊性：①碳排放的影响范围非常广，不局限于某个地区和区域，其影响是全球性的；②受 CO_2 流量—存量进程的支配，其产生的影响是长期的，跨越几代甚至数十代；③从自然科学的角度看，碳排放对环境的影响存在极大的不确定性，应对起来比较困难，需要支付更高的成本；④碳排放使人类面临更多的生存风险，影响人类生存安全，且多数影响是不可逆的（Stern，2008）。CO_2 等温室气体排放的外部性的特殊性使其与传统外部性相比，应对起来更加复杂，虽然简单的行政干预可以纠正市场失灵，实现外部性成本的内部化，但也可能带来一些不利的影响，不利于长期减排目标的实现。

人类的生存与发展离不开能源的消费，尤其是化石能源为人类发展提供了足够的能源，构成了现代文明的基础。化石能源在消费过程中不可避免地向空气中排放 CO_2，CO_2 本身并无害，还是农作物、森林等绿色植物进行光合作用所必需的物质。但是，当空气中 CO_2 的浓度达到一定程度以后就会对生态环境造成不利影响，最明显的影响就是 CO_2 等温室气体的增加引发全球气候变暖、冰雪融化、海平面上升、极端天气增加。目前，煤和石油等化石能源消耗所排放的 CO_2 已远远超过大气的承受范围，引发全球气候变化，危害人类安全。据此，CO_2 等温室气体排放的外部性属性不仅涉及经济层面的成本效益分析，还关系到环境保护和社会福利的平衡，合理的政策设计和市场机制可以有效地管理和减少碳排放的负外部性，推动低碳经济发展。

二、公共物品属性

对应私人需求和公共需求，用以满足人们需求（欲望）的物品也分私人物品和公共物品。其中，由个人提供，用以满足私人需求的为私人物品；由公共部门提供，用以满足公共需求的为公共物品。两者从属性上看存在明显差异，私人物品具有竞争性、排他性和可分性，而公共物品则具有非竞争性、非排他性和不可分性。私人物品只能为其所有者单独拥有，由其拥有者单独消费，且可分为不同的单位进行交易和消费；公共物品归集体所有，且不能阻碍其他消费者进行消费，还不能进行分割出售。私人物品的集体需求规模为每个消费者需求量的加总，公共物品的集体需求规模则是每个消费者需求量的垂直加总。著名经济学家萨缪尔森在其论文《公共支出的纯理论》（1954）中给出了公共产品的定义：纯粹的公共物品是指每个人消费这种物品并不会导致别人对该物品消费的减少。这说明了公共物品的非排他性与非竞争性特征。同时，他还指出某种私人物品的需求规模等于全部消费者私人物品消费量的总和，公共物品的消费规模则等于任何一位消费者的消费量。也就是说，公共物品就是那些能供给许多人同时消费的物品，而且人们共享消费这种物品的效果，共同承担这种物品的供给成本，并不会因为消费它的消费者数量的变化而改变。

大气作为人类赖以生存的资源，具有公共物品的属性，其不为某个人单独所有，也无法阻碍其他人消费。人类活动不断地向大气中排放 CO_2 等温室气体，降低空气质量的同时引发全球气候问题，导致"公地悲剧"。CO_2 等温室气体的排放主要来自人类活动，尤其是化石能源的大量使用。目前，全球能源结构仍以化石能源为主，这必将导致 CO_2 这一人类生存、发展中不可避免的"副产品"增加。为了抑制"公地悲剧"的加剧，减少人类活动产生的"副产品"，进而减缓气候变化对人类的影响，需要全人类提供不同类型的公共物品：①减少 CO_2 等温室气体的排放（相对于"照常情形"而言），任何国家或个人的减排对全球而言都是一种公共物品，CO_2 等温室气体在大气内是均等扩散的，任何国家和个人所受到的影响几乎相等；②积极研发可大范围解决这些问题的技术，提高化石燃料的利用率，开发可再生能源和清洁能源，提升废气的处理技术等；③采取有效的措施从大气中直接去除 CO_2，如增加碳汇，加大植树造林规模，防止乱砍砍伐，给海洋施肥等；④通过气候工程等措施来减少来自太阳的辐射量，用以抵消空气中 CO_2 等温室气体浓度上升所造成的不利影响；⑤积极适应气候变化，通过改善物种、改变耕作方式及增高堤坝等措施来适应已经变化的气候，这更多是由地方政府提供的公共物品（Barrett，2007）。

三、公共资源属性

公共资源主要是指自然生成或自然存在的资源，以及由政府作为供给主体、被全体人民共享且具有一般公共物品特征的、城市生存和发展中不可或缺的物品，没有明确私人所有者，人人都可以自由获得、免费利用资源，这代表公共资源不具有拥有及使用上的排他性。换言之，任何一个想要使用公共资源的社会成员都可以使用，不会排除其他人的使用权，且一个使用者使用公共资源不会引起另一个使用者的效用减少，这说明公共资源的存在是为了满足人们的共同需求，任何人都可以使用和分享，且一个人的使用不会排除或影响其他人的使用。虽然公共资源在一定程度上是共享的，但其数量并不是无限的。随着经济飞速发展、科技的不断进步及人口的激增，公共资源的稀缺性得以显现。一旦公共资源遭到破坏或污染，会对其他使用者产生额外的支出或损失。

与公共物品相比，公共资源是具有消费非排他性，但又具有竞争性的资源，消费过程无法阻碍其他消费者的接入，但是潜在消费者的进入降低了消费者的效用水平。公共资源同时具有非排他性和竞争性的特点，与公共物品存在区别，可被称为不完全的公共物品。与公共物品相比，公共资源的边际生产成本和边际拥挤成本都大于零，公共资源具有消费竞争性，当消费者数量增多时，必然造成"拥堵"现象，降低消费者的效用水平。这说明公共资源虽然在进入和使用上不受限制，但其资源是稀缺的，如社区安全、街道、消防、卫生防疫、空气质量等都属于公共资源。

世界各个国家和地区及企业和个人都将清洁空气作为公共资源，免费取用，不计后果地向空气中排放 CO_2 等温室气体，势必会影响空气质量，造成不良影响。为了维持空气质量，保护全球气候系统，无限制地向大气中排放 CO_2 等温室气体的行为需要受到限制，相应地，排放温室气体的权利就成了一种稀缺资源。1992 年签署的《联合国气候变化框架公约》首次在全球范围内建立了控制碳排放的法律框架，通过碳排放权交易来合理有效地分配碳排放权这一稀缺资源，碳排放权的初始分配及碳排放权交易的收益会对社会的收入分配产生影响。碳排放权这一公共资源在社会不同主体间的合理分配直接决定了碳减排政策设计的合理性，公共资源的属性决定人人都享有平等使用的权利，因此在分配碳排放权时，需要维护每个人平等利用公共资源的权利，保证初始分配的公平性。

四、权利属性

碳排放的权利属性涉及发展权、人权和公共资源利用权。其中，公共资源利用权是指个人、组织或国家在使用这些公共资源时所享有的权利。上文已经提到，人人都应当平等享有碳排放的权利。公共资源是全民共有的财富，其利用权具有公共性，即任何人都有权在合理范围内使用这些资源。尽管公共资源是共享的，但其利用受到一定限制，过度开发或滥用可能导致资源枯竭或环境破坏，在许多国家和地区，公共资源的利用受到法律的严格规定和保护。未经许可擅自使用公共资源，可能构成违法行为。发展权是指每个人都有权参与发展，促进并享受社会、经济、文化等发展带来的成果。《发展权利宣言》明确规定，发展权是一项不可剥夺的人权，每个人都应该享有。从发达国家的发展经验来看，人民生活水平的提升需要一定量的碳排放空间作为保障。贫困和欠发达地区人民的碳排放权往往得不到实现，因为其基本生活需要难以得到满足，个人的发展权利受到限制或剥夺，无法享受经济社会发展带来的成果，所以其权利应受到保护。联合国人权理事会在 2009 年 3 月通过了《人权与气候变化决议》，决议指出人权与气候变化问题关系密切，气候变化直接或间接影响着人权的实施。碳排放引发的全球气候问题对欠发达地区和环境脆弱地区人民的影响更为明显，影响了人类安全，影响了人权的履行。人类生存权利的实现，衣食住行方面的基本需要应得到满足，这些基本产品和服务的消费必然会向大气中排放一定量的温室气体。

碳排放权的权利属性是一个复杂且多维度的概念，其中发展权属性体现在其对国家和企业实现可持续发展的支持作用上。根据《联合国气候变化框架公约》和《京都议定书》，碳排放权的分配旨在保障各国特别是发展中国家的正当权益，使其能够在应对气候变化的同时实现经济发展，强调碳排放权作为发展权的一部分，其核心在于通过合理的碳排放配额分配，支持国家和企业在环境保护与经济增长之间找到平衡点。碳排放权的人权属性主要关注其对人类基本生存和发展权利的保障作用。碳排放权不仅关乎环境问题，还直接影响全球气候治理的公平性和正义性。在国际人权法视角下，碳排放权也被视为一种人权，因为气候变化对弱势群体的影响尤为严重，碳排放权的分配机制需要确保这些群体的基本生存和发展权利不受侵害。另外，碳排放权权利属性中的公共资源利用权属性，主要强调其作为公共资产的管理和使用。碳排放权本质上是对大气环境容量的一种占用、使用和收益权，因此具有典型的用益物权特征，需要国家通过制度化手段对碳排放权进行分配和管理，以实现资源的优化配置和高效利用。政府可通过拍卖或分配的方式将碳排放权授予企业或个人，并通过市场机制调节碳排放行为，从而达到减缓气候变化的目标。

碳排放与人的基本生存问题密切相关，具有明显的权利属性，与人的生存权和选举权一样都要受到保护，需要保证初始分配的公平。为了保证人人都享有基本生活所需的碳排放权，我们应该建立碳排放权保障机制：①保障最基本的碳排放需求。对于贫困人口和弱势群体，应该保障其基本生活的权利，政府应建立相应的保障机制，以确保贫困人口和弱势群体享有其他成员同样的权利。②对因减排政策实施而利益受损的群体进行补偿。减排政策的实施对社会不同群体的影响不同，通常对低收入群体的影响更大，在基本生活都难以为继的情况下还要为碳减排支付成本，会加重低收入居民的负担，因此应对其进行补偿，保障其权利。

五、发展权益属性

潘家华和郑艳(2008)在进行碳排放的发展权益问题研究时，对社会个体不同消费层次需求的碳排放进行划分：基于基本生活需要的碳排放、基于公共服务需求的碳排放和基于奢侈消费需求的碳排放。基本生活需求的碳排放和基于奢侈消费需求的碳排放比较好理解，区分起来也比较容易，而基于公共服务需求的碳排放是指政府为提供公共服务所产生的碳排放，受政府部门工作效率及政府能耗强度的影响。结合这一分类方式，本书将个人的碳排放需求分为基本生活需求、发展性需求及奢侈消费需求三个层次。其中，基本生活需求和奢侈消费需求与其研究基本一致。发展性需求是指居民追求更优质生活，更舒适环境所产生的碳排放，如私人交通和居住用能等方面增加的碳排放。三种碳排放需求体现的权益属性不同，应该采取不同的对待方式：①基本生活需求，其用途是维持人类的基本生存，具有社会保障的特征，应该优先得到满足；②发展性需求，是在满足基本生活需求基础上，对高品质生活的需求，面对碳减排压力时，应给予一定的弹性空间，在不影响人的发展权利基础上实现碳减排目标；③奢侈消费需求，其有别于前两项需求，高收入群体应该为其超额的碳排放对环境产生的不利影响支付相应的成本，奢侈消费需求不属于碳权益保障的内容，应该加以抑制，保证碳减排目标的实现。

不同发展水平的国家碳排放需求也有所不同，在发达国家的发展历程中，在经济发展的前期碳排放需求空间随经济发展水平的提升而增加，当经济发展到一定水平之后，两者出现脱钩的情况，碳排放需求出现拐点，人均收入水平与碳排放之间呈倒 U 型关系，即由(低收入，低排放)到(高收入，高排放)，再到(高收入，低排放)的过程。从表 3-1 中可以看出，对于低收入人群和不发达国家而言，居民生活水平较低，仍需要一定的碳排放空间，来支撑其发展的需要。但发展并不意味着碳排放需求空间的无限增大，当经济发展到一定水平，减排技术不断创新，人们减排意识不断增强，维持经济持续发展的碳排放空间将趋于稳定，甚至会出现下降的情况。

表3-1　不同发展水平国家居民消费碳排放需求比较

发展权益 类别	主要内容	高发展水平国家	低发展水平国家	消费碳排放的需求评估
基本生存 需求	衣食住行等基本 需求	已得到满足	仍有较大的需 求增长空间	低发展水平国家居民的 生活水平较低，基本生 存需求的实现仍需要一 定的碳排放空间
生活质量 提升	居住条件、文化教 育、医疗卫生等	水平较高	仍处于较低水平	伴随的是消费间接碳排 放的大幅增加
经济与制度 结构	经济体制、产业 政策、社会保障、 民生事业	已趋于完善	传统制度的惯 性阻碍合理经 济制度结构的 建立	经济制度的不断完善， 工业化、城镇化水平的 提升，必然需要大量的 碳排放
社会分摊 成本	交通、通信、邮 电、自来水和排 污、治污等设施	固定投入已完 成，主要是日 常维护	尚未建立，前期 建设投入较大	系统维护的成本相对较 低，系统建设的成本高， 需要大量的碳排放
环境保护	碳排放强度、污 染治理水平	碳排放强度较 低、污染得到 控制	碳排放强度高， 治污能力弱， 环境恶化	碳排放强度和治污能力 与技术水平和经济发展 水平有关，低发展水平 国家需经历一个先增长 后降低的过程

　　从发达国家的发展历程来看，在经济发展前期碳排放需求空间随经济发展水平的提升而增加，当经济发展到一定水平之后，两者出现脱钩的情况，碳排放需求出现拐点。人均收入水平与碳排放之间呈倒U形关系，即由低收入、低排放到高收入、高排放再到高收入、低排放的过程。对低收入人群和欠发达国家而言，仍需要一定的碳排放空间来支撑其发展的需要。但是，发展并不意味着碳排放需求空间的无限增大，当经济发展到一定水平后，减排技术不断创新，人们的减排意识不断提升，维持经济持续发展的碳排放空间将趋于稳定，甚至会出现缩小的情况。

　　从碳排放属性分析过程中我们不难发现，碳排放属性特征决定了减排政策的选择要有针对性。当面临碳排放的外部性问题时，应选择适当的减排政策来实现外部性问题的内部化，价格性政策的效果比较明显。当面临碳排放的公共物品或公共资源问题时，应当避免"公地悲剧"的发生，合理的碳减排责任划分及严格的减排目标显得尤为重要。当面临碳排放权利或发展权益问题时，应该提供有效的保障机制，保护弱势群体的权益，给予一定的补贴，同时抑制高收入群体的奢侈性碳排放，并给予相应的惩罚。

第二节

福利的基本概念与社会福利函数

一、福利分析的基本概念

一个人的福利水平与其获得的满足程度有关，这种满足不仅可以从其占有的财物中获得，还可以来自知识、情感、欲望等（庇古，1920）。含义如此广泛的福利是难以进行计量的，狭义的福利仅指与经济活动有关、能以货币形式计量的部分，也被称为经济福利。社会福利是个人福利水平的加总，可以用国民收入来衡量，国民收入的增加将提升社会福利水平，生产资源在生产部门的有效配置能够实现国民收入增加。福利经济学可用来研究国民收入的分配问题，用对富人征收的税收来补贴穷人，从而提升社会福利水平。随着福利经济学研究的不断深入，其研究方法得到不断改进。勒纳、卡尔多、希克斯等运用序数效用论、帕累托最优、补偿原理和社会福利函数等工具来分析社会福利问题，通过个人福利最大化来实现社会福利的最大化。

2012年，英国皇家学会给出了有关福利的最新界定，指出福利局限于人们的消费、财富情况及环境的影响，福利具有主观和客观要素，主观要素为获得的满足感，客观要素为满足需要所需的基本物质条件，并指出福利具有五个方面的核心内容：①人类的生存需要足够的物质资源支撑，缺乏相应的物质资源，人类的生存将难以为继；②健康水平对一个人来说非常重要，其关乎生命的长度与质量；③要有充分的选择和行动的自由；④人身和财产的安全要得到保障，资源的获取和使用不受侵犯；⑤拥有良好的社会关系(The Royal Society, 2012)。福利经济学的最新进展表明，福利不应仅用效用来衡量，其应该包括更广泛的评价基础，人的能力的提升、权利的保障都是社会福利的重要内容。为了实现社会福利的最大化，我们不仅要提升国民收入水平，考量收入分配问题，还要注重消费分配和个人权利的保障。教育、医疗、卫生、居住、交通、社保等一切与个人发展有关的资源，都会对社会福利产生影响，同时基本生存需要(如清洁的空气、干净的水、能源等)是决定社会福利的重要因素。

二、社会福利函数及其政策含义

社会福利函数是社会所有个人的效用水平函数，社会福利取决于所有个人的福利水平。假设社会中共有 n 人，U 表示个人的福利水平，U_i 表示第 i 个人的福利水平，社会福利函数 W 可以表示为：

$$W = f(U_1, U_2, U_3, \cdots, U_n) \qquad (3-1)$$

进一步假设社会中仅有 A、B 两个人，则社会福利函数可表示为：

$$W = f(U_A, U_B) \qquad (3-2)$$

在社会福利函数中，每个人的相对重要性可能不同，通过对社会状态进行比较和排序，可以从中选取最有价值的社会状态(布坎南，1959)。社会福利函数具有以下性质：①在维持其他人福利水平不变的前提下，任何一个社会成员福利水平的提升，都会促使整个社会福利水平的增加(帕累托准则)；②当社会福利最大化时，任何一个人的福利水平的提升，都以另一个人福利水平的下降为代价，不存在两个人福利水平同时增加的情况；③在社会中，如果某个个体掌握较多的财富，拥有较高的效用水平，那么另一个个体因财富水平低，效用也处于较低的水平。社会资源的再分配有利于社会福利水平的提升，资源再分配的程度决定了社会的公平性。图 3-1

描述了社会福利最大化的实现路径，W_1，W_2，$W_3 \cdots W_n$ 为等福利曲线，每条等福利曲线上的点所对应的福利水平相同，且满足 $W_1 < W_2 < W_3 < \cdots < W_n$，福利水平随着等福利曲线向右移动而不断提升。曲线 U_1 为效用可能性曲线，曲线上不同的点对应着 U_A 和 U_B 的不同组合。对不同效用组合的福利水平进行比较和排序，A 点和 B 点具有相同的社会福利水平 W_1，E 点对应的社会福利水平为 W_2，且是社会福利最大化点。效用可能性曲线 U_1 与等福利曲线 W_2 的切点 E 就是社会福利最大化点（见图 3-1）。

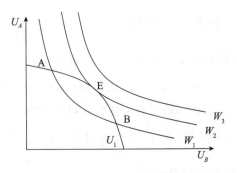

图 3-1 社会福利最大化

图 3-1，并没有体现消费者的差异性，消费者 A 和消费者 B 并不存在差异，其效用水平与消费的商品数量有关。在图 3-2 中，假设消费者 A 和消费者 B 是存在差异的，两者为不同的收入群体，A 为高收入群体，B 为低收入群体，两者的效用水平都与其消费的商品数量有关，但在相同的效

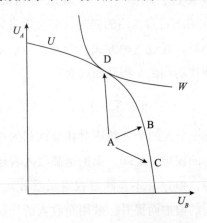

图 3-2 政策的社会福利影响

用水平下，A 消费的商品数量要多于 B，即对于任意的 $U_A = U_B$，对应的商品消费数量始终为 $X_A > X_B$。曲线 W 为等福利曲线，曲线 U 为效用可能性曲线。假设效用的初始水平为 A 点，A 点处于可能性边界之内，是无效率的，可以通过政策调整将初始水平 A 点转移到可能性边界上，其可以转移到效用可能性边界上的任意一点，以 B、C、D 三点为例。虽然 B、C、D 三点都处于可能性边界上，都是有效率的，但不同点所对应的福利水平不同，D 点是社会福利最大化点，B 点属于帕累托最优点，且体现了社会公平。

(一)柏格森—萨缪尔森福利函数

消费者所消费的商品组合用 x 表示，x_i 表示第 i 个人消费的商品组合，其效用水平为 $U_i(x_i)$。假设每个人只关心自己的福利水平，则社会福利函数是个人效用分布的直接函数，其一般形式可表示为：

$$W = W[U_i(x_i), \cdots, U_n(x_n)] \tag{3-3}$$

(二)功利主义社会福利函数

$$W = \sum_{i}^{n} U_i(x_i) \tag{3-4}$$

在功利主义福利函数中，个人效用函数是可比较的，社会福利是个人效用的简单加总，并遵循边际效用递减规律，低收入人群与高收入人群的偏好具有同等的重要性，绝对平均时效用达到最大水平。Harsanyi，(1955)指出，个人在追求自身效用的同时，都会设身处地地考虑其他人的处境，尊重他们的偏好，通过这种方式，个人在追求个人福利的同时间接实现了社会福利。现代功利主义福利函数变为：

$$W = \sum_{i}^{n} \alpha_i U_i(x_i) \tag{3-5}$$

其中，α_i 表示第 i 个人的个人效用对社会福利的贡献程度，即个人效用在社会福利函数中的权重，$\alpha_i > 0$。无论是高收入者还是低收入者的偏好都应受到同等的重视，但这并不意味着权重系数 $\alpha_i = 1$。对于每一个人而言，效用水平随收入的增加而提升，效用是收入的增函数。如果分配格局发生变化，个人收入及国民收入水平与效用水平的关系将变得不确定。

(三)贝努力—纳什社会福利函数

在纳什社会福利函数中，社会福利水平为个人效用水平的乘积，当社会中存在部分个人的效用水平极低(表示为极小的正值)时，整个社会的福利水平较低。收入分配的均等性有利于社会福利水平的提升，分配越平等，社会福利越大。贝努力—纳什社会福利函数表示为：

$$W = U_1 \times U_2 \times U_3 \times \cdots \times U_n \tag{3-6}$$

(四)罗尔斯社会福利函数

罗尔斯更加关注社会弱势群体福利水平的提升，他指出对低收入群体和弱势群体效用的考虑应先于其他社会成员，社会福利最大化的实现，就是要使社会上处境最差的那部分成员的效用水平达到最大化。基于这种考虑，罗尔斯社会福利函数的表达式为：

$$W = \max \left[\min(U_1, U_2, U_3, \cdots, U_n) \right] \tag{3-7}$$

社会福利水平的提升需要以改善最低收入者的处境为前提，若分配格局的调整有利于这一目标的实现，则调整是合理的，即使存在不均等的情况。

(五)精英社会福利函数

与罗尔斯社会福利函数关注社会弱势群体不同，精英社会福利函数更多的是考量社会精英群体的福利水平，忽视了社会弱势群体，其表达式为：

$$W = \max(U_1, U_2, U_3, \cdots, U_n), i = 1, 2, 3, \cdots, n \tag{3-8}$$

在精英社会福利函数表达式中，n 表示不同境况的社会群体而不是指单个个人，因此 U_i 表示的是在社会效用水平队列中处于位置 i 的社会群体的效用水平。$W = \max(\cdot)$ 表明，社会福利水平取决于社会中效用水平最高的群体的效用情况。

(六)阿特金森社会福利函数

在阿特金森社会福利函数中，社会成员被分为穷人(p)和富人(r)两部分，两者的间接效用函数分别为 V^p(穷人)和 V^r(富人)，α 用来表示社会厌恶不平等的情况，α 越大表示社会越厌恶不平等，越注重穷人效用水平的提升，函数式为：

$$W=\frac{1}{1-\alpha}[\,(V^P)^{1-\alpha}+(V^T)^{1-\alpha}\,]\qquad(3-9)$$

各种福利函数的比较如表 3-2 所示。

表 3-2　各种福利函数的比较

福利函数名称	福利函数形式	福利函数特征
柏格森—萨缪尔森福利函数	$W=W[\,U_i(x_i),\,\cdots,\,U_n(x_n)\,]$	是个人效用分布的直接函数
功利主义社会福利函数	$W=U_1+U_2+U_3+\cdots+U_n$	加法型，社会福利的大小取决于社会成员的效用总和，与分配无关
贝努力—纳什社会福利函数	$W=U_1\times U_2\times U_3\times\cdots\times U_n$	乘法型，注重收入分配和平等问题
罗尔斯社会福利函数	$W=\max[\,\min(U_1,\,U_2,\,U_3,\,\cdots,\,U_n)\,]$	注重最低收入者福利水平的提升
精英社会福利函数	$W=\max(U_1,\,U_2,\,\cdots,\,U_n)$	最大化精英群体的福利，忽视弱势群体
阿特金森社会福利函数	$W=\frac{1}{1-\alpha}[\,(V^P)^{1-\alpha}+(V^T)^{1-\alpha}\,]$	兼顾社会公平，注重穷人效用水平的提升

对社会福利函数的分析可以应用到减排政策的选择及效果分析上，气候变化对社会不同群体所产生的影响不同，不同社会群体应对气候变化的能力存在差异，政府选择合理政策的目的就是解决气候变化引发的社会分配问题，实现社会公平。对个人而言，消费的边际效用是递减的，每增加一单位商品的消费，其所带来的效用水平的提升逐渐下降。对整个社会而言，同样一单位商品的消费给不同社会群体带来的效用水平不同，穷人的效用水平要高于富人。合理的社会资源分配有利于社会福利水平的提升，在某些情况下分配格局的变化是合理的、有效的。从消费者碳排放效用来看，不同收入群体的碳排放边际效用存在差异。高收入群体的生活水平较高，基本需求已经得到极大满足，增加单位碳排放带来的效用增加相对较少。对低收入群体而言，单位碳排放的增加满足了其生活的基本需要，可能会带来较大的效用提升。因此，公共政策的社会福利分析应该给予低收入人群更大的权重，并优先保证他们的基本需求。社会福利函数理论为减

排政策的选择指明了方向：①低收入居民的福利应受到关注，减排政策的实施不应以低收入居民福利的减少为代价；②低收入居民的权利应得到保障，尤其是基本生活需要应得到满足。减排政策的实施会引发能源价格上升，限制低收入居民使用能源的权利，从而导致能源贫困与权利剥夺，使低收入居民承担与自身能力不相称的减排成本。因此，要通过政策组合来保护弱势群体的利益，并通过能源救助和目标能效政策来保障低收入居民的能源利用能力。

第三节

消费碳排放、减排政策与社会福利

一、消费碳排放与社会福利

个人的效用水平与其消费水平和消费结构有关，x_i^l 和 x_i^h 分别表示居民 i 消费的低碳商品和高碳商品的数量。低碳商品的总量为 $X^l = \sum_{i=1}^{n} x_i^l$，高碳商品的总量为 $X^h = \sum_{i=1}^{n} x_i^h$。两个消费者的效用函数分别为 $U_1(x_1^l, x_1^h)$、$U_2(x_2^l, x_2^h)$，消费者 I 的效用最大化问题可描述为：

$$\max U = \max U_1(x_1^l, x_1^h)$$

$$s.t. \begin{cases} U_2(x_2^l, x_2^h) = U_2^* \\ x_1^l + x_2^l = X^l \\ x_1^h + x_2^h = X^h \end{cases} \tag{3-10}$$

由式（3-10）可得：

$$U_1^* = U_1(x_1^l, x_1^h) + \lambda \left[U_2(X^l - x_1^l, X^h - x_1^h) - U_2^* \right] \tag{3-11}$$

可得：

$$\frac{\partial U_1/\partial x_1^l}{\partial U_1/\partial x_1^h}=\frac{\partial U_2/\partial x_2^l}{\partial U_2/\partial x_2^h} \tag{3-12}$$

此时，两个消费者的低碳商品和高碳商品的替代率相等。在分析过程中，假定消费者Ⅱ的效用水平为固定的 U_2^*，消费者Ⅰ的效用水平为固定的 U_1^*，实现消费者Ⅱ效用最大化的条件与式(3-12)是一致的。

一定的消费碳排放空间是居民基本需要得以实现的前提，居民在消费过程中直接或间接的能源消耗都将产生碳排放。社会基本能源服务水平的提升是衡量社会发展水平的一项重要标志，能够保障居民基本生活需要的满足。居民对能源商品及隐含碳排放商品和服务的购买，直接决定了居民的福利水平，购买力越强，福利水平相应越高。政府对含碳商品价格的干预将从多个方面对居民的福利产生影响，最直接的影响表现：提升含碳商品的价格将提升能源服务成本，降低居民的实际购买能力，导致居民福利水平降低。居民能源商品消费支出占居民收入的比例是衡量社会能源服务水平的一项重要指标，间接反映了居民的福利水平。这一占比越高，说明能源商品的可获得性越低，可能存在能源贫困。导致这一比例过高的原因是多方面的，能源价格过高、收入水平过低，甚至居民生活用能的高消费，都可能导致能源消费支出比例过高，但这对社会福利的影响是不同的，所采取的应对策略也应该有差异。能源价格补贴可以有效降低能源消费的成本，提升居民的福利水平。某些节能技术的激励机制可能具有长期的经济效益，但是受低收入居民收入水平的限制，难以得到推广。高能源消费的抑制，分配结构的调整，能够保护弱势群体的权益，也有利于社会福利水平的提升。

居民消费的碳排放格局与居民的社会福利水平紧密相关，不同消费群体的直接和间接碳排放水平不仅反映了社会财富分配的结果，还关系到居民碳排放权益的分配。居民的碳排放水平直接与居民的能源消费格局相对应，不均衡的能源消费格局意味着不平等的碳排放权益。碳排放的洛伦茨曲线和碳排放收入比可以有效地衡量社会碳排放权益的均衡问题。已有研究显示，在英国不同的社会群体中，高收入群体在交通出行方面的碳排放是低收入群体的 4.5 倍，在耐用品方面是 3.8 倍，在私人服务方面是 3.6

倍。通过分析不同国家的能源消费情况，我们发现发达国家居民间的能源消费差距较小，而发展中国家居民间的能源消费差距较大。人口、地理位置、能源效率，甚至是气候因素，都会对居民的能源消费及碳排放情况产生影响，影响居民的福利水平。

二、减排政策及其社会福利影响

消费碳排放是指居民在日常生活中通过购买商品和服务所产生的碳排放。消费碳排放对社会福利的影响主要体现在以下几个方面：①消费过程中产生的 CO_2 具有明显的负"外部性"特征，当碳排放水平超过气候安全允许的阈值时，会引发全球气候变化，影响人类安全，降低人们的福利水平。②碳排放作为一项权益，满足了社会个体发展的需要。居民消费水平的提高与碳排放高度相关，尤其是住房、交通和食品等领域的消费对碳排放有显著影响。随着居民收入的增长，消费模式的变化成为新的碳排放增长点，这表明消费水平的提升直接推动了碳排放的增加。随着社会的发展，居民消费水平的提升，居民有能力追求更高品质的生活，因此需要一定的碳排放空间作为支撑。不同的消费群体因收入水平、消费模式的差异，对碳排放的需求也不同。碳排放作为一项公共资源，能够给资源所有者带来一定的收益，碳排放权的分配将直接影响社会的福利水平。③碳减排政策的实施及碳权益的分配会对社会福利构成影响。其中，碳税作为一种重要的减缓气候变化的政策工具，其实施对社会福利产生了双重效应。一方面，碳税能够有效减少二氧化碳排放，实现环境保护目标；另一方面，碳税会导致居民收入和消费减少，尤其是低收入家庭受到的影响更大。合理的碳税政策可以通过收入再分配机制来缓解这种负面影响。与此同时，相关的价格政策将导致能源价格上涨，损害社会低收入者的利益；碳税和碳排放权交易会导致资源的分配效应，如果无法达到公平，将不利于社会福利水平的提升；减排政策收益的去向不同，对社会福利的影响也不同，补贴低收入群体比补贴垄断企业更有利。总的来说，减排政策的社会福利影响主要体现在政策的成本分担问题及碳排放权权益的分配问题上。

居民生活用能的需求弹性较小，属于生活必需品的范畴，不恰当的减排政策可能进一步增加低收入居民的负担。减排政策实施过程中的成本往往通过生产—消费体系最终转嫁到消费者身上，消费者承担了大部分成本，对其福利水平构成了影响。从政策效果来看，减排政策具有累退性，随被管制对象的收入水平的提高而下降，无差别的政策模式可能对高收入群体没有效力，达不到既定的减排目标。另外，存在的其他因素导致减排的目标与其他社会问题很难协调，这使得补偿低收入居民非常困难，传统的社会转移支付手段难以奏效。

从福利经济学的角度来看，能够提升社会福利水平的经济政策为好政策，而导致社会福利水平降低的政策是坏政策。传统以经济增长、效率提升为衡量标准的政策评价不够全面，因此对减排政策的福利分析必须引入伦理道德的判断标准，从而更好地反映其对社会福利的影响。政策制定要考虑气候变化所带来的双重不平等，优先保证弱势群体的权利是制定减排政策的关键。

三、基于社会福利最大化的减排政策设计

合理的减排政策选择有利于减排目标的实现，优化居民的能源消费结构，提升社会的福利水平。以社会福利最大化为出发点，减排政策应实现居民生存和发展的权利，保障居民的基本生活需求，发挥政策的分配效果，抑制高收入群体的奢侈消费需求，提升弱势群体的效用水平，实现社会公平。减排政策对应的社会福利目标函数如下：

$$U_s = \alpha_1 \mu_1 + \alpha_2 \mu_2 + \alpha_3 \mu_3 + \cdots + \alpha_i \mu_i \qquad (3-13)$$

其中：

$$u_i = f_i(p, w, e)$$

得：

$$U_s = \alpha_1 f_1(p, w, e) + \alpha_2 f_2(p, w, e) + \alpha_3 f_3(p, w, e) + \cdots + \alpha_i f_i(p, w, e)$$

$$(3-14)$$

$$Mu_{11} = \frac{\partial f_1}{\partial p}, \ Mu_{12} = \frac{\partial f_2}{\partial p}, \ Mu_{13} = \frac{\partial f_3}{\partial p}, \ Mu_{1i} = \frac{\partial f_i}{\partial p} \qquad (3-15)$$

由边际效用递减规律可得：

$$Mu_{11} > Mu_{12} > Mu_{13} > Mu_{1i}$$

式中，p 为能源价格，w 为居民平均收入，e 为消费者能效水平，i 代表不同的消费群体。

α_1，α_2，α_3，α_i 是社会中不同群体的效用水平对社会福利的贡献程度，间接表明了社会对不同消费群体的重视程度，α 值越大，说明越受社会的重视。如果社会更加关注低收入消费群体的效用情况，那么给 α_1 赋更大的权重值。如果 α_i 的赋值较大，说明社会更加关注高收入群体的效用水平。f_i 为社会中不同群体的效用函数，个人的效用函数与能源价格 p、收入水平 w 和消费者能效水平 e 有关。不同消费群体遵循边际福利递减规律，对单个消费者而言，随着消费碳排放水平的提升，新增加的一单位消费碳排放所带来的福利提升水平是递减的。同样，对于不同收入群体的消费者而言，高收入群体现有的碳排放水平要远远高于低收入群体，同样增加一单位消费碳排放，其给低收入群体带来的效用水平的提升要高于高收入群体。如果对消费碳排放分配格局进行调整，由高收入群体向低收入群体进行转移，将有利于整个社会福利水平的提升。为了实现社会福利最大化，减排政策设计应该注意以下几个方面：

（1）政策选择同样要考虑成本—收益问题，选择有效的减排政策，以最小的成本负担实现良好的减排效果。如果一项减排政策的减排效果明显，但实施成本太高，执行的成本大于减排带来的收益，此项政策是无效的，不能选择的。就中国目前消费碳减排的现实来看，选择有效的碳减排政策非常关键。行政管制手段简单有效，但社会成本较高，需要大量的人力、财力作支撑。相比于行政管制，市场手段更加灵活有效，但其对市场环境要求较高，目前中国尚未建立与之相关的市场机制，碳排放检测统计数据缺失，缺少专门的从业人员，制度不够健全，难度较大。

（2）减排政策的选择应保障社会弱势群体的权益，对社会弱势群体给予一定的补偿。社会弱势群体的收入水平低，应对风险的能力差，基本需要难以得到满足，减排政策产生的成本可能对其生活构成巨大冲击。例如，对消费碳排放征税会直接降低社会弱势群体的实际收入水平。对弱势群体而言，能源是生活必须品，需求弹性小，能源价格上涨必然导致用于能源商品的支出增加，间接减少用于其他商品的支出，从而影响消费者的消费结构，降低福利水平。为了保护弱势群体的利益，应该采取累进性碳税，对居民基本生活需要的碳排放不征税，对发展需求的碳排放部分征税，对奢侈消费需求的碳排放征高税，并利用碳税所获得的收益补贴社会弱势群体。

（3）为了实现碳减排的多重目标，减排政策需要各种减排工具合理组合。单个减排政策的效果可能不明显，实现不了减排的目标，体现不了碳排放的多重属性，因此在制定政策时要合理利用各类减排政策工具，实现减排目标的同时保障居民生存和发展的权益，实现社会福利最大化。

第四节

本 章 小 结

综上所述，通过对消费碳排放的多种属性进行阐释，具体剖析社会福利的函数及政策含义，将两者放在统一框架探讨两者关系，并有针对性地设计减排政策。据此可以得出，不同的社会群体之间的消费碳排放存在差异，应在维持个人的基本生活需要的碳排放应的基础上，对碳排放进行有效管制，采取有区别的对待策略，从而推动减排目标的实现，提升社会的福利水平。在制定减排政策时应以社会福利最大化为出发点，减排政策应实现居民生存和发展的权利，保障居民的基本生活需求，发挥政策的分配效果，抑制高收入群体的奢侈消费需求，提升弱势群体的效用水平，实现社会公平。政策选择同样要考虑成本—收益问题，选择有效的减排政策，以最小的成本负担实现良好的减排效果。减排政策应保障社会弱势群体的权益，对社会弱势群体给予一定的补偿。为了实现碳减排的多重目标，减排政策需要各种减排工具的合理组合。

第四章

中国居民消费碳排放的测算与分析

第一节

居民消费碳排放相关概念

一、居民消费内容的划分

居民消费指居民部门用于满足个人需要而进行的商品或服务支出，包含一切能为个人带来效用的商品。由于核算口径不同，居民消费支出数据可分为两类。一类是基于国家统计年鉴测算的居民消费性支出，包括居民用于购买商品和教育、文化、卫生等生活服务的支出，不包括居民生活以外的非消费性支出，如转移性支出、财产性支出、各类社会保障支出及购建房支出等。根据居民消费的具体内容不同，可划分为八大门类，分别是食品，衣着，居住，家庭设备用品及服务，文化、教育、娱乐服务，医疗卫生，交通通信，杂项商品与服务。根据消费者不同，可划分为城镇居民消费支出和农村居民消费支出。另一类是基于投入产出表的居民消费支出，它是指居民在一定时期内所有商品和服务的最终消费支出的总和，不仅包括居民直接购买的商品和服务，还包括自产自用的货物、自有住房服务支出、金融保险服务支出，以及以实物报酬或实物转移形式提供的货物和服务等。根据消费主体的差异，可以分为城镇居民最终消费支出和农村居民最终消费支出。

居民消费的部分内容直接与能源利用有关，其被称为能源消费。能源消费主要指居民对煤炭、石油、天然气、热力、电力等能源商品的消费。

对农村居民而言，能源消费还包括对农作物秸秆、柴草和沼气等生物质能的消费。在能源消费过程中，消费者直接对能源进行使用，获得所需的能量，称为直接能源消费。除直接能源消费外，居民在满足自身衣食住行用等方面生活需要的过程中，消费了大量的非能源类商品和服务，这些非能源类商品和服务的提供同样离不开能源消耗，商品在生产、运输、销售环节同样消耗能源。虽然这部分能源不由消费者直接消费，但其隐含（嵌入）在消费者所消费的商品和服务中，由居民的消费需求所引发。这类能源消费可称为居民间接能源消费或隐含能源消费。

二、居民消费碳排放的内涵

CO_2 在温室气体中含量是最高的，约占温室气体排放量的 80% 左右。人类活动产生的大量 CO_2 及其他温室气体排放，这个过程被称为碳排放。由生产活动引致的碳排放是生产碳排放，由消费活动引致的碳排放是消费碳排放。居民消费碳排放又称为居民最终消费碳排放，是指在一定时期内居民生活中所消费的各种商品和服务所引发的碳排放总量，主要包含以下三个层面：

（1）居民消费直接碳排放是指居民在直接消费能源的过程中产生的碳排放，如照明、炊事、取暖、热水供应等基本生活用能产生的碳排放，还包括居民交通出行过程中产生的碳排放，其与居民直接能源消费相对应，是居民直接能源消费的"附带品"。城镇居民和农村居民因能源消费强度和结构不同，居民消费直接碳排放的水平也不同。对城镇居民而言，他们的主要能源消耗包括煤炭、石油、天然气、电力、热力等。农村居民除上述的能源消耗外，还包括农作物秸秆、柴草和沼气等生物质能。

（2）居民消费间接碳排放是指居民消费的非能源商品和服务在生产、运输、销售过程中所产生的碳排放，这部分碳排放与居民间接能源消费相对应。居民虽然不直接参与此部分 CO_2 的排放过程，但是这部分碳排放是事实存在的，且与消费者消费的商品和服务有关。相比于居民消费直接碳排放，居民消费间接碳排放隐含（嵌入）在居民消费的商品和服务里，容易被忽略。从量上看，居民消费间接碳排放一般高于居民消费直接碳排放，且随着经济的发展，居民生活水平的提高，居民消费间接碳排放的增速加快，其占比也不断提高。

(3)居民消费碳排放是居民消费直接碳排放与间接碳排放的和，也被叫作居民消费完全碳排放，用以衡量居民消费过程中产生的碳排放总量。此部分碳排放发生在居民消费领域，与生产碳排放存在差异，随着居民生活水平的提升，居民消费碳排放占全部碳排放的比重将不断升高。

第二节

中国居民消费直接碳排放的测算与分析

一、居民消费直接碳排放的评估方法

居民消费直接碳排放包括基本的生活用能(照明、烹饪炊事、热水供应、取暖制冷、家用电器等)及私人交通出行产生的碳排放。居民消费直接碳排放的计算主要采用 IPCC 推荐的碳排放系数法。利用居民消费的不同化石能源消费量乘以其碳排放因子来核算对应能源消费产生的碳排放量。其中，含碳量和氧化率来源 IPCC 在 2006 年发布的国家温室气体清单指南(IPCC,2006)和其他相应的研究文献。需要特别指出的是，居民部门消费的电和热力产生的能源虽然发生在电和热力的生产行业，居民消费电和热力并没有直接产生碳排放，但是作为典型的二次能源，还是要将其折算后计入居民消费直接碳排放。

$$C_{Dt} = \sum_{i=1}^{j} Q_{it} NCV_i CC_i COF_i \frac{44}{12} \qquad (4-1)$$

其中，C_{Dt} 表示第 t 年居民消费直接碳排放量，单位为 kg；i 为居民直接消费的能源种类，包括最主要的 16 种一次能源和电力、热能；Q_{it} 表示

第 t 年第 i 种能源的消耗量,可折合为标准煤,单位为 kg;NCV_i 为第 i 种能源的平均低位热值,单位为 KJ/kg;CC_i 表示第 i 种能源的单位热值含碳量,单位为 kgC/KJ;COF_i 表示第 i 种能源的燃烧氧化率;44/12 为碳到二氧化碳的转化系数。各系数情况如表4-1所示。

表4-1 主要化石能源碳排放系数

能源 i	平均低位发热量 (KJ/kg)	单位热值含碳量 (kgC/KJ)	碳氧化率
原煤	20908	26.37	0.94
洗精煤	26344	25.41	0.94
其他洗煤	10454	25.80	0.94
焦炭	28435	29.50	0.93
焦炉煤气	17355	12.10	0.98
其他煤气	16970	12.10	0.98
其他焦化产品	33778	29.20	0.98
原油	41816	20.10	0.98
燃料油	41816	21.10	0.98
汽油	43070	18.90	0.98
煤油	43070	19.60	0.98
柴油	42652	20.20	0.98
液化石油气	50179	17.20	0.98
炼厂干气	46055	15.70	0.98
其他石油制品	40200	20.00	0.98
天然气	38931	15.30	0.99

由于中国二元经济结构的基本特征,城镇居民和农村居民生活水平和消费结构之间存在明显的差异,在居民能源消费模式和能源需求上有所体现,因此有必要分别研究城镇居民和农村居民的消费碳排放结构与特征。在进行消费用能终端活动分解时,本书参考 Fan 等(2015)的方法,将不同的能源消耗分配到五类基本用能终端上。居民的直接能源消费数据来源《中国能源统计年鉴》中能源平衡表的"终端消费"项目。受统计资料可得性的限制,农村居民消费直接碳排放仅包括一次能源和电力、热力等能源商

品，不包括农作物秸秆、柴草、沼气等非能源商品，这可能导致测算的结果低于农村居民的实际碳排放水平，存在一定的差距。根据以上测算方法，本书测算并分析了 1996~2015 年中国居民消费直接碳排放的基本情况。

二、居民消费直接碳排放的基本状况分析

(一)居民消费直接碳排放的变动趋势

如图 4-1 所示，中国居民消费直接碳排放从 1995 年的 3.48 亿吨增长到 2020 年的 10.44 亿吨，增长趋势明显。根据其增长的速度不同，可分为 1995~2001 年和 2002~2015 年两个阶段，前一阶段增长速度相对缓慢，后一阶段增速较快。这表明 2002 年以后，在居民收入迅猛增长的驱动下，用能结构和能源强度的负向效果完全被掩盖，引致居民消费直接碳排放快速增长。其中，增速较快的年份出现在 2002 年、2003 年、2004 年等年份，年增长速度都超过 11%，2008 年受美国次贷危机的影响，增速较慢，之后又出现回升的态势，在 2015~2016 年出现回落，此后呈现逐渐平稳的态势。

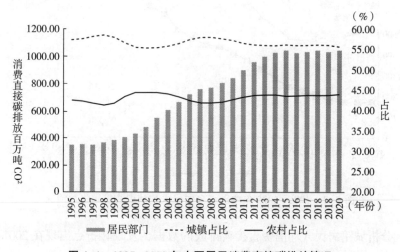

图 4-1 1995~2020 年中国居民消费直接碳排放情况

图4-1 还描述了研究期间中国居民消费直接碳排放的城乡对比情况，城镇居民的消费直接碳排放水平一直高于农村居民，占比超过55%，但从其长期趋势来看，表现为一定区间内上下波动。1996年，城镇居民消费直接碳排放占比为57.50%，然后一直上升到1999年的58.80%，之后有所回落，2002年达到最低的55.50%，2020年的占比为55.94%。近几年出现下降的趋势在一定程度上是因为农村居民能耗水平的增加和能源结构的改变。

(二)居民消费直接碳排放的人均水平

图4-2 描述了研究期间中国居民人均消费直接碳排放的情况。就人均来看，1996~2015年城镇居民人均消费直接碳排放一直高于农村居民人均消费直接碳排放，但两者的差距越来越小。1996年，两者的差距最大，城镇人均水平为农村人均水平的3.1倍，到2015年前者仅为后者的1.05倍，人均水平几乎相当。在2015~2020年，城镇人均消费直接碳排放量出现回落，而农村仍呈上升趋势，但速度逐渐放缓。这说明中国城乡居民的能源消费水平和用能结构虽然存在差距，但是也取得了明显的改善。

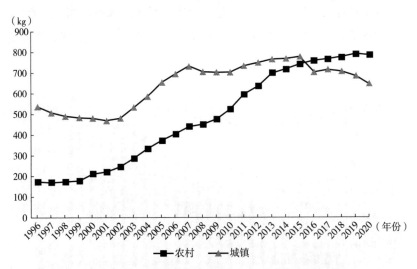

图4-2　1996~2020年中国城乡居民人均消费直接碳排放情况

分析城镇居民人均消费直接碳排放的数据，发现转折点出现在2001年，1996~2001年城镇居民人均消费直接碳排放一直处于减少的趋势，2001~

2002 年出现增长态势，2001 年为研究期间的最低水平 469.1kg，2015 年的数值为 778.3kg。从 2002~2015 年的增速水平来看，2002~2007 年增速较快，2008~2015 年增长缓慢。2020 年的数值为 647.46kg，2015~2020 年整体呈现出逐步下降的趋势。相比于城镇居民人均消费直接碳排放，农村居民人均消费直接碳排放一直处于增长趋势，且增速迅猛，1996 年的水平为 173.6kg，2015 年已增长到 740.8kg，是 1996 年的 4.3 倍，年均增长率持续走高，2020 年达到 784.31kg。这说明随着农村家用电器的普及、交通出行方式的改变，以及供暖水平的提升，农村居民人均生活能耗在不断提升。

（三）直接碳排放的排放结构分析

图 4-3 描述了研究期间主要年份城镇居民五类生活行为碳排放结构情况。在研究期间，炊事热水、家用电器、取暖制冷、私人交通和照明的直接碳排放分别增长 2.7、1.01、3.52、11.53 和 1.2 倍，其中增长幅度最大的是私人交通，其次为取暖制冷，家用电器的增幅最少。随着收入水平的提升，城镇居民家庭拥有小汽车的情况由 1996 年的 0.41 辆/百户增长到 2020 年的 37.1 辆/百户，城镇居民出行方式发生了很大转变，越来越倾向于以家用轿车代替传统的公共交通。同时，城镇居民对居住环境舒适度的要求越来越高，使得取暖制冷方面的消费直接碳排放增长迅速。

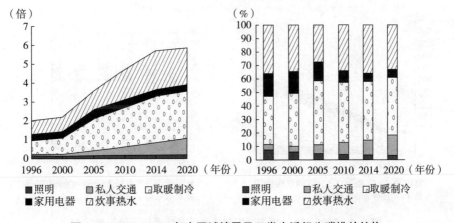

图 4-3　1996~2020 年中国城镇居民五类生活行为碳排放结构

就城镇居民五类生活行为的直接碳排放占比情况来看，取暖制冷的占比最高，其次为炊事热水。对于城镇居民来说，取暖制冷和炊事热水是居民的基本生活需要，取暖制冷包括冬季的供暖和夏季的空调用电，炊事热水主要满足消费者饮食的需要，两者占总碳排放量的80%。家用电器的碳排放占比一直在降低，由1996年的16.90%减少到2020年的5.86%，降幅最大，照明的占比也一直处于下降的趋势，由1996年的7.40%减少到2020年的3.04%。私人交通的占比虽然不高，但增幅最为明显，由1996年的3.8%增长到2020年的14.99%，将成为未来城镇居民消费直接碳排放的重要部分。

图4-4描述了研究期间主要年份农村居民五类生活行为碳排放结构情况。在研究期间，炊事热水、家用电器、取暖制冷、私人交通和照明的直接碳排放分别增长了2.08、5.87、2.45、37.3和4.48倍，其中增长幅度最大的是私人交通，其次为家用电器。与城市居民一样，农村居民的私人交通增速最快，但与城镇居民不同的是，农村居民在家用电器方面的碳排放仍处于增长的趋势，增长幅度明显，这说明农村的家用电器普及速度较快。就农村居民五类生活行为的直接碳排放占比情况来看，2020年取暖制冷的比例最高为40%，然后是炊事热水和家用电器，占比分别为27.7%和15.3%。炊事热水方面能耗的碳排放占比一直处于下降的态势，由1996年的37.6%减少到2020年的25.69%，降幅最大；取暖制冷的占比在2005年后也出现下降的态势；其他方面的碳排放占比一直在增长。

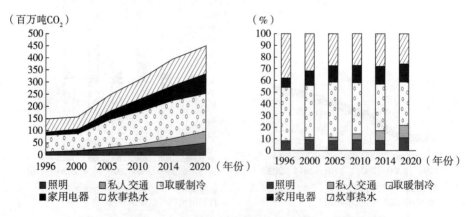

图4-4 1996~2020年中国农村居民五类生活行为碳排放结构

第三节

中国居民消费间接碳排放的测算与分析

一、居民消费间接碳排放的评估方法与数据来源

(一)居民消费间接碳排放的评估方法

居民在生活中一方面直接进行能源消费，如炊事热水、取暖制冷、家用电器及交通出行等，另一方面由于生活的需要，须购买衣食住行用等方面的产品和服务。这些商品在生产、运输、销售的过程中会消耗能源并产生碳排放。目前，针对居民消费间接碳排放的估算方法主要有投入—产出分析法和生命周期分析法。

投入—产出法(IOA法)主要借助国家统计局编制的投入产出表，通过厘清产业部门间的投入产出关系，将经济系统与商品载能有机结合，利用计量模型来估算居民消费的间接碳排放。Zhang和Mi(2016)对国内外学者用投入—产出法测算居民消费间接碳排放的情况进行了总结，将其归纳为三种类型：基本投入—产出法，"投入产出+消费支出"法，投入产出过程分析法。就这三种方法实施的情况来看，投入产出过程分析法要求商品细致的生命周期数据，即需要商品和服务在各生产环节的能源消耗清单，数据搜集困难，可得性低，更适合微观层面的问题分析；基本投入—产出法可以直接利用投入产出表中各部门之间的联系来测算居民部门的能耗，不受生产过程的时间长度和复杂性等因素的限制(Pachauri and Spreng, 2002)，国内学者大多用此方法来测算消费间接碳排放的情况(王莉等, 2015；朱勤等, 2012)；"投入产出+消费支出法"能够将产业能耗与居民各类支出对应，分析居民的消费碳排放情况，更有针对性。

生命周期分析法(Life Cyle Assessment，LCA 方法)是追踪产品或服务在整个生命周期中所产生的环境影响的方法(Lenzen et al.，2006)，对应的碳排放也是在产品的生产、储存、运输、消耗和回收利用等整个生命过程中产生的。LCA 方法主要对居民消费的产品和服务整个生命周期各个阶段产生的碳排放情况进行分析，量化每个阶段的环境负荷(Burgess and Brennan，2001)。利用 LCA 法测算居民消费间接碳排放，需要测算商品和服务整个生命周期内各个环节的能源投入，对数据有较高的要求，其处理过程复杂，增加了结果的不确定性(SETAC，1993；朱勤，2011)。

相比于 LCA 法，IOA 法的数据获取相对容易，并且能将产业能源消费与居民各类支出进行一一对应，有利于过程的计算和结果的分析。因此，本章采用投入产出与居民消费支出相结合的方法估算中国居民消费间接碳排放情况。

投入产出表中存在横向平衡关系：总产出＝中间使用+最终使用，可表示为：

$$\begin{cases} x_{11}+x_{12}+x_{13}+\cdots+x_{1n}+Y_1=X_1 \\ \cdots \\ x_{i1}+x_{i2}+x_{i3}+\cdots+x_{in}+Y_i=X_i \\ \cdots \\ x_{n1}+x_{n2}+x_{n3}+\cdots+x_{nn}+Y_n=X_n \end{cases} \qquad (4-2)$$

其中，x_{ij} 表示第 j 个部门产品的生产过程中所消耗的 i 部门的产品数量，Y_i 表示部门 i 的最终使用，X_i 表示部门 i 的总产出水平，其与总投入在量上相等。

直接消耗系数 $\alpha_{ij}=x_{ij}/X_i$，表示 j 部门单位产出需要的 i 部门产品的数量，j 部门的总产出可表示为：

$$\sum_{i=1}^{n} \alpha_{ij} \cdot X_j + Y_j = X_j \qquad (4-3)$$

用 A 来表示直接消耗系数矩阵，可表示为：

$$AX+Y=X$$

得：

$$X=(I-A)^{-1}\cdot Y \tag{4-4}$$

式中，$(I-A)^{-1}$ 为 Leontief 逆矩阵，表示各部门中间需求的变化，即该部门增加一个单位的终端需求，对其他行业部门的完全需要量。

由此，可得居民消费间接碳排放计算公式：

$$C_h=f(I-A)^{-1}Y_h \tag{4-5}$$

式中，C_h 表示不同居民消费间接碳排放列向量，为了分别计算城镇居民和农村居民的间接碳排放情况，令 $h=0$ 表示农村居民，$h=1$ 表示城镇居民。f 表示各部门碳强度的行向量，为各部门碳排放与产出之比。Y_h 表示由居民对各类消费品的最终消费量列向量转换成的对角矩阵。

(二)数据来源与整理

为了研究的一致性，本部分选取的测算年份为 1995 年、2000 年、2005 年、2010 年、2015 年、2020 年。能源数据来源《中国能源统计年鉴》中分行业能源消费数据表，本部分将能源消耗实物量折算成标准煤量。中国投入产出表从 1987 年开始编制，逢尾数为 2、7 的年份编制投入产出基本表，逢尾数为 0、5 的年份编制投入产出延长表，部门分类数量从 33 到 124 不等(朱勤，2011)。国家能源平衡表与投入产出表及工业分行业终端能源消费量表在国民经济部门(行业)的划分不一致，需要进行归并处理。经对比分析，按产品用途、耗能模式相近的原则，结合国际上通用的消费分类标准，将所有表格中的部门(行业)归并为可比较的 14 个部门，对应居民消费八大支出类别，如表 4-2 所示。

表 4-2　居民消费间接碳排放相应的行业

居民消费类别	投入产出表中的国民经济行业
食品	农业；食品制造业；农副食品加工业；饮料制造业
衣着	纺织业；缝纫及皮革产品制造业；制鞋业
居住	建筑业；电力及煤气、热水生产和供应业； 建筑材料及其他非金属矿物制品业
家庭设备 用品及服务	家具制造业；木材加工及木、竹、藤、棕、草制品业； 电器机械及器材制造业

续表

居民消费类别	投入产出表中的国民经济行业
文化、教育、娱乐服务	造纸及纸制品业；印刷业和记录媒介的复制； 文教、工美、体育和娱乐用品制造业
医疗卫生	医疗制造业
交通通信	交通运输设备制造业；运输邮电业；通信设备制造业； 计算机及其他电子设备制造业
杂项商品 与服务	住宿业；餐饮业； 零售业

二、居民消费间接碳排放基本状况分析

(一)居民消费间接碳排放的变化特征

图4-5描述了研究期间主要年份中国居民消费间接碳排放的情况。1995~2020年，中国城乡居民消费间接碳排放从13.92亿吨增至37.97亿吨，增长了1.73倍，且一直处于增长的态势。2000年以后增速明显，2000~2020年每阶段的增速分别为：2000~2005年为43.3%，2005~2010年为32.1%，2010~2015年为25.7%，2015~2020年为12.5%。居民消费间接碳排放规模不断扩大，与城乡居民人均消费支出的增长关系密切，其中2000年之后的快速增长与中国改革开放的力度加大及加入世界贸易组织(WTO)有关。1995~2020年，城镇居民人均消费支出从0.35万元增至2.7万元，农村居民人均消费支出从0.13万元增至1.37万元。除了居民消费水平的提升外，消费结构的变化、城镇化水平的提高也是推动居民消费间接碳排放增加的动力。

如图4-6所示，研究期间居民消费碳排放的规模大幅上升，从1995年17.40亿吨增长到2020年的48.41亿吨，增长了1.78倍，但其增长速度低于最终消费价值量的增速。居民消费间接碳排放与直接碳排放的比值一直处于3.2~4，居民消费间接碳排放的比重一直维持在76%~80%，居民消费间接碳排放的绝对量与比重远大于居民消费直接碳排放。

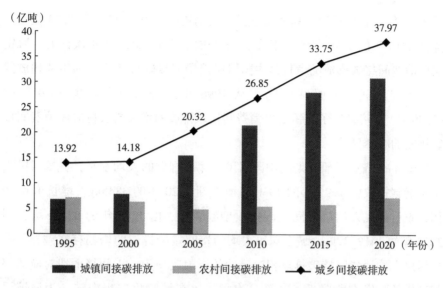

图 4-5 1995～2020 年中国居民消费间接碳排放情况

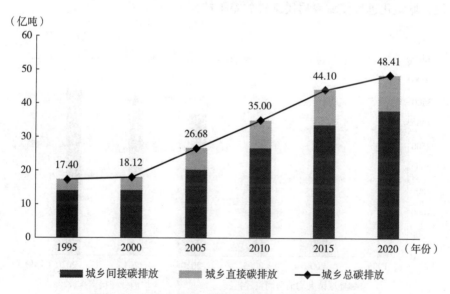

图 4-6 1995～2020 年中国城乡居民消费碳排放情况

(二)间接碳排放的城乡比较

如图 4-5 所示,城乡居民消费间接碳排放存在差异,城镇居民间接碳排放持续增长,由 1995 年的 6.79 亿吨增长到 2020 年的 30.76 亿吨,增长了 3.53 倍；农村居民消费间接碳排放波动较小，由 1995 年的 7.13 亿吨下降到 2015 年的 5.79 亿吨，下降了 18.79%，并在 2020 年再次回升。城镇居民消费间接碳排放的增长是中国居民消费间接碳排放增长的主要构成部分。研究期间，中国城镇化率从 1995 年的 29.6% 提高到 2020 年的 63.89%，直接导致了城镇居民消费间接碳排放的增长与农村居民消费间接碳排放的减少。

图 4-7 描述了研究期间中国居民间接碳排放的人均水平，城镇居民人均消费碳排放由 1995 年的 1930kg 增长到 2020 年的 3845kg，增长了 0.99 倍，农村居民人均消费间接碳排放增幅较小，由 1995 年的 829kg 增长到 2020 年的 1413.37kg。城乡居民人均消费间接碳排放的增幅存在差异，农村居民人均消费间接碳排放相对滞后的原因表现为：①间接消费对应的部门碳排放强度有所降低；②部分农村居民在城镇化进程中转变为城镇居民，城镇化进程使城乡居民碳排放差距扩大。

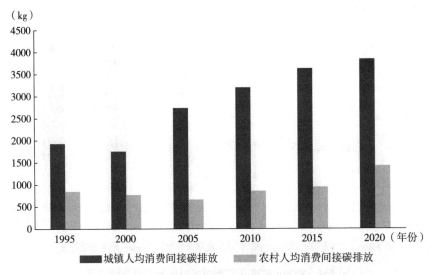

图 4-7 1995~2020 年中国城乡居民人均消费间接碳排放情况

（三）居民消费碳排放的收入分析

结合居民消费碳排放的测算结果，农村居民人均消费碳排放由 1996 年的 1001.7 kg 增长到 2020 年的 2315.69kg，城镇居民人均消费碳排放由 1996 年的 2499.3kg 增长到 2020 年的 4569.29kg。就 2020 年的情况看，城镇居民人均消费碳排放水平是农村居民的 0.97 倍。如果考虑不同收入阶层之间的差距，可能会更加明显。

中国城镇居民和农村居民的收入水平差异导致消费支出水平差异巨大，2020 年城镇最高层次收入水平的居民的人均消费支出是农村最低收入层次居民人均水平的十倍多，而且消费支出结构不尽相同，由此导致了不同收入水平居民人均间接碳排放的差异。

对城镇居民来说，最高收入居民的人均消费碳排放为 9460kg，高收入居民为 6512kg，中等偏上收入居民为 5023kg，中等收入居民为 3924kg，中等偏下收入居民为 2945kg，低收入居民为 2263kg，最低收入居民为 1721kg，如图 4-8 所示。

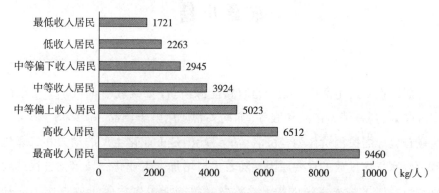

图 4-8　2020 年不同收入水平的城镇居民人均消费碳排放

对农村居民来说，高收入居民人均消费碳排放为 4107kg，中等偏上收入居民为 2976kg，中等收入居民为 2451kg，中等偏下收入居民为 1602kg，低收入居民为 1320kg，如图 4-9 所示。城镇最高收入居民与农村低收入居民的人均消费碳排放之比为 7.2，差距巨大。

综上分析，我们发现随着中国居民收入水平的进一步提高，居民消费碳排放快速增长，未来必须进一步降低碳排放强度，引导以低碳排放为特征的居民消费行为，避免快速城镇化进程中高碳消费行为和模式的锁定效应。

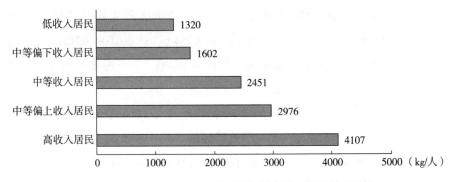

图 4-9　2020 年不同收入水平的农村居民人均消费碳排放

第四节

本 章 小 结

居民在日常生活中，无论是直接能源消费(如驾驶燃油汽车、冬季燃煤取暖等)还是消费产品和服务(如购买和使用电子产品、服装等)都会产生碳排放。居民消费作为经济活动的终端，是工业化生产的动力和二氧化碳等温室气体排放的重要原因，随着人口增加、工业化、城镇化进程持续加速以及居民收入水平的提升，消费导致的居民生活碳排放占比不断提升。本章利用 IPCC 推荐的碳排放系数法和投入产出+消费支出法分别测算了中国 1995~2020 年居民消费直接碳排放和间接碳排放情况。中国居民消费直接碳排放从 1996 年的 3.48 亿吨 CO_2，增长到 2020 年的 10.44 亿吨 CO_2。1995~2020 年，中国居民消费间接碳排放从 13.92 亿吨 CO_2 增至 37.97 亿吨 CO_2。因此，从消费端进行碳减排是减少整体碳排放的重要途径，应采取更加节能和低碳的生活方式，降低碳排放量，进而实现双碳目标，为应对全球气候变化做出贡献。

第五章
中国居民消费碳排放的峰值预测

随着中国城镇化进程的不断推进，居民的收入水平有了大幅提升，生活方式随之发生改变，居民对能源消费的需求增长迅速。2020 年，中国人均生活能源消费量为 456 千克标准煤。中国 2020 年人均碳排放为 7.8 吨 CO_2，已超过全球平均水平 3.3 吨 CO_2，2020 年中国是全球碳排放量最高的国家，达到 109.4 亿吨，约占全球总量的三成，且仍呈现上升趋势，其中人均消费碳排放为 3.43 吨 CO_2，与发达国家相比增长压力巨大。

中国居民消费碳排放未来趋势如何，是否会遵循发达国家发展路径，是一个值得探讨的问题。如果中国居民消费碳排放遵循发达国家的发展趋势，那么其将有相当大的增长空间，必将给环境带来更大的压力。

目前，中国面临的气候变化压力巨大，由于中国人口众多，不同社会群体所承担的风险存在差异，为实现可持续发展战略，必须走一条更加绿色、低碳的发展方式。消费碳排放是未来中国碳排放的主要增长点，为实现 2030 年碳排放达峰的目标，应引导和激励中国居民消费朝着更加低碳的方向发展。

综合考量人口、收入与消费模式变化、城镇化进程及技术进步等因素对居民消费碳排放的影响，结合第四章消费碳排放的分析结果，本章建立 IPAT-IDA 预测模型，结合情景分析法，分析基准情景、强化能源效率情景、低碳消费情景下中国居民消费碳排放的未来趋势，估算 2025~2050 年中国居民消费碳排放的规模，分析 2030 年中国碳排放达峰目标实现的可行性，论证环境库兹涅茨理论在中国居民消费碳排放领域的适用性。

第一节

预 测 模 型

本部分在已有文献研究的基础上，结合第四章的测算结果，提出基于人口、经济、技术的居民消费碳排放预测模型；通过对基准情景、强化能源效率情景、低碳消费情景下人口因素(城镇化水平、城乡居民人数、劳动力供给)、经济因素(收入水平、消费倾向、全员劳动生产率)、技术因素(碳排放强度)的设置；通过 IPAT-IDA 模型对 2025~2050 年中国居民消费碳排放的基本趋势进行预测，包括居民消费直接碳排放、居民消费间接碳排放及两者占全国碳排放的比重。

在居民消费碳排放预测模型中，影响居民消费碳排放的因素主要包括人口因素、经济因素和技术因素。其中，人口因素包括城乡居民人数、城镇化水平和劳动力供给；经济因素包括城乡居民人均收入水平、城乡居民消费倾向和全员劳动生产率；技术因素包括居民碳排放强度。

参考国内外相关的碳排放预测模型，结合 Guan 等(2008)提出的 IO-IPAT-SDA 预测模型，本章建立 IPAT-IDA 预测模型来预测中国居民消费碳排放的趋势，模型如下：

$$C_P = f(P, Y, T) \tag{5-1}$$

$$
\begin{aligned}
\Delta C_P &= \Delta C_{P(t)} - \Delta C_{P(t-1)} \\
&= u_{(t)} \cdot p_{(t)} \cdot g_{(t)} \cdot f_{s(t)} \cdot e_{s(t)} - u_{(t-1)} \cdot p_{(t-1)} \cdot g_{(t-1)} \cdot f_{s(t-1)} \cdot e_{s(t-1)} \\
&= \Delta u \cdot p_{(t-1)} \cdot g_{(t-1)} \cdot f_{s(t-1)} \cdot e_{s(t-1)} + u_{(t-1)} \cdot \Delta p \cdot g_{(t-1)} \cdot f_{s(t-1)} \cdot e_{s(t-1)} + \\
&\quad u_{(t-1)} \cdot p_{(t-1)} \cdot \Delta g \cdot f_{s(t-1)} \cdot e_{s(t-1)} + u_{(t-1)} \cdot p_{(t-1)} \cdot g_{(t-1)} \cdot \Delta f_s \cdot e_{s(t-1)} + \\
&\quad u_{(t-1)} \cdot p_{(t-1)} \cdot g_{(t-1)} \cdot f_{s(t-1)} \cdot \Delta e_s
\end{aligned}
$$

$$\tag{5-2}$$

其中，C_P 为居民消费碳排放水平，P 为人口因素，Y 为经济因素，T

为技术因素；u 为城镇化水平，p 为城乡居民人数，g 为居民人均收入，f_s 为居民消费倾向，e_s 为碳排放强度；t 为当年情况，$t-1$ 为上一年情况。

第二节

情 景 设 置

本部分以中国近年来不同影响因素的发展规律和变动情况为依据，结合国内外相关文献和国家政策预设，确定三种预测情景：基准情景、强化能源效率情景和低碳消费情景。本部分与其他研究的区别是没有设置高碳情景，在目前中国的减排压力及国家的减排力度下，高碳情景不可能出现。本部分对每个情景下影响消费碳排放的人口因素、经济因素和技术因素所涉及的各个变量进行情景边界设定，预测中国居民消费碳排放的未来发展趋势。

一、基准情景

基准情景保持当前人口、经济和技术发展模式，以经济发展和居民收入提升为主要驱动力，且不积极采取应对气候变化的减排策略。人口发展态势遵循现有人口规模和结构的演变特点，按照人口发展规划设定；经济发展态势以实现国家既定的经济目标为前提，保持现有发展模式；技术发展态势则维持现在的技术进步速率和变动趋势。

（一）人口因素

中国人口总量从 1996 年的 12.24 亿人增长到 2020 年的 14.12 亿，增长了 15.36%，其中考察期不同五年段的人口增长率分别为：1995~2000 年为 0.91%，2000~2005 年为 0.63%，2005~2010 年为 0.50%，2010~2015 年为 0.49%，2015~2020 年为 2.6%，增长率呈下降趋势。根据《国家人口发展规划(2016~2030 年)》,2021~2030 年中国人口进入关键转折期,2030 年人口与经济、环境的协调度进一步提高,预计达 14.5 亿人左右。

1996 年城镇化率为 29.37%,2020 年上升到 63.89%,增长了 34.52 个百分点。1996~2030 年为中国城镇化发展的中期阶段,在工业化进程加速,经济实力增强的条件下,农村劳动力增加,大量剩余劳动力由农村转向城市。1996~2016 年为城镇化中期的前半段,城镇化速度较快,从 2017 年开始城镇化率的增速开始放缓,进入稳步增长期。到 2033 年左右,中国城镇化率将达到 70%,之后进入城镇化后期发展阶段。根据《国家新型城镇化规划(2014-2020 年)》,2030 年人口城镇化水平将达到 70%左右,2050 年人口城镇化水平达到 80%左右。

目前,中国人口结构变化明显,对经济的影响显著。劳动年龄人口的数量和质量都在下降,根据国家统计局的数据,中国 2020 年 16~59 岁劳动力人口总数为 8.8 亿人,与 2010 年相比,劳动年龄人口减少了 4000 多万人,同时劳动年龄人口占总人口的比重也有所下降。这说明中国劳动年龄人口从 2011 年开始一直处于下降态势,2011 年的峰值为 9.25 亿,2012 年开始下降,2012 年减少了 345 万人,且每年减少的数量出现递增的趋势,2020 年较上年减少了 1735 万人。

由于强化能源效率情景和低碳消费情景在技术因素和经济因素方面有所改进,因此有关基础情景的人口参数设置适用于其他两种情景。表 5-1 展示了 2025~2050 年中国人口预测的基本情况。

表 5-1　2025~2050 年中国人口预测情况

指　标	2025 年	2030 年	2040 年	2050 年
总人口(亿人)	14.10	14.49	14.42	14.35
城镇化率(%)	67.87	71.36	76.20	78.55
城镇居民(亿人)	9.57	10.34	10.99	11.27
农村居民(亿人)	4.53	4.15	3.43	3.08
劳动力(亿人)	8.76	8.32	7.78	7.13

资料来源:根据统计年鉴、政府发展规划和研究报告估算而得。

（二）经济因素

中国居民人均收入从 1997 年的 0.31 万元增长到 2020 年的 3.22 万元，增长了 9.39 倍，由表 5-2 可知，其中城镇居民人均收入由 1996 年的 0.48 万元增长到 2020 年的 4.38 万元，增长了 8.13 倍；农村居民的人均收入由 1996 年的 0.19 万元增长到 2020 年的 1.14 万元，增长了 5 倍。到 2050 年，人均 GDP 增速减缓到 4%~5%，城乡居民人均收入分别增至 16.22 万元和 12.08 万元。

在居民消费结构方面，通过收入需求弹性和人均收入来预测城乡居民消费结构。到 2050 年，在居民消费结构中，食品比重降至 30%，衣着比重降至 7%，居住比重升至 20%，医疗保健比重升至 21%。居民消费倾向由 1997 年的 0.82 下降到 2020 年的 0.66，并将维持持续下降的趋势。在全员劳动生产率方面，根据 GDP 的增速与就业人口规模进行测算，估计 2050 年该数值为 44.70。

表 5-2　城乡居民收支与全员劳动生产率变动

（2021 年可比价格）

指　标	2025 年	2030 年	2040 年	2050 年
城镇人均收入（万元）	5.68	7.61	11.76	16.22
农村人均收入（万元）	2.63	4.17	8.01	12.08
城镇居民消费倾向	0.62	0.51	0.48	0.46
农村居民消费倾向	0.65	0.59	0.56	0.54
全员劳动生产率（%）	17.56	22.49	34.93	44.70

资料来源：根据统计年鉴，结合历史数据估算而得。

（三）技术因素

中国的能源消费量增长迅速，2008 年为 32.1 亿吨标准煤，2020 年为 49.8 亿吨标准煤，增长了 55%。预计中国能源消费于 2025 年达到 53 亿吨标准煤左右，2030 年下降到 51.5 亿吨标准煤左右。近几年中国单位 GDP 的碳排放量下降非常快，但仍比世界平均水平高很多。具体从表 5-3 中可以看出，中国居民碳排放强度从 1997 年的 3.99 吨 CO_2/万元下降到 2020 年的 0.97 吨 CO_2/万元，下降了 75.69%。其中，城镇居民生活碳排放强度从 1997 年的 4.07 吨 CO_2/万元下降到 2020 年的 1.5 吨 CO_2/万元，农村居民生活碳排放强度从 1997 年的 3.9 吨 CO_2/万元下降到 2020 年的 1.9 吨 CO_2/万元。

在本部分预测模型中，居民碳排放强度参考发达国家的行业与居民碳排放强度，对生产行业单位能源消费碳排放强度的预设结合中国作出的降低碳排放强度的国际承诺。

表 5-3　城乡居民碳排放强度　　　　　单位：tCO_2/万元

指　标	2025 年	2030 年	2040 年	2050 年
城镇居民碳排放强度	1.14	1.06	0.79	0.61
农村居民碳排放强度	1.51	1.31	0.96	0.70

二、强化能源效率情景

能源利用效率的提升，减排技术的创新对碳减排目标的实现至关重要，能有效减少居民消费直接碳排放，对居民消费间接碳排放影响更加明显。中国应积极学习发达国家的经验，引进先进技术，加大对节能减排项目的投资，发挥技术因素在节能减排中的作用。提升化石能源的利用效率，增加非化石能源在能源消耗中的比重，开发新能源，并大规模应用煤炭清洁技术，适当利用碳捕获和碳封存技术。

（1）人口因素：与基准情景一致。

（2）经济因素：与基准情况一致。

（3）技术因素：强化能源效率情景下的人口因素和经济因素与基准情景保持一致。在这种情景下，技术作用最为明显，技术创新和进步将是实现碳减排的有效途径。在化石能源利用多的行业，如钢铁冶炼、金属加工、建筑建材、水泥生产和煤电等行业，应加强碳减排技术的创新，增加减排项目投资，大规模使用碳捕捉和碳封存技术。在新兴能源行业，应积极引进国外先进技术，发挥技术优势，开发新能源，提升清洁能源的利用率。

三、低碳消费情景

中国实行可持续发展战略，国家积极倡导人们进行低碳消费，厉行节约，拒绝浪费。中国是碳排放第一大国，也是受全球气候变化影响最严重的国家之一，为了应对全球气候变化，实现低碳消费至关重要。在低碳消费情景下，我们借鉴发达国家践行低碳消费的先进经验，积极引导消费者转变消费模式，提升人们的低碳消费意识，加大政府对低碳消费项目的投入，同时提高能源利用效率，实现减排目标。

（1）人口因素：与基准情景保持一致。

（2）经济因素：在保证经济持续增长的基础上实现可持续消费，居民的消费结构发生变化，服务业的需求增加，生产部门提供的商品在居民消费中的比重下降，结合已有文献，预测居民消费模式的变化情况，如表5-4所示。

表 5-4　2050 年城乡家庭消费模式预测　　　　　单位：%

指　标	城　镇	农　村
食品	11.50	12.80
衣着	10.20	6.70
居住	12.40	23.30
家庭设备用品及服务	9.60	8.20
文化、教育、娱乐服务	14.00	12.80
医疗卫生	10.60	10.10
交通通信	25.30	22.60
杂项商品与服务	6.40	3.50

资料来源：结合历史数据估算而得。

（3）技术因素：与强化能源效率情景一致。

第三节

预 测 结 果

按照上述情景对影响参数边界的预设，对中国居民消费碳排放进行情景预测，得到基准情景、强化能源效率情景和低碳消费情景下的预测结果。

一、基准情景预测结果

图 5-1 描述了基准情景下城乡居民消费直接碳排放的预测结果。城镇居民消费直接碳排放从 2025 年的 6.27 亿吨增长到 2040 年的 8.49 亿吨，之后开始下降，到 2050 年减少到 7.3 亿吨。农村居民消费直接碳排放在 2021 年达到 4.78 亿吨之后，一直处于下降趋势，2025 年为 4.38 亿吨，

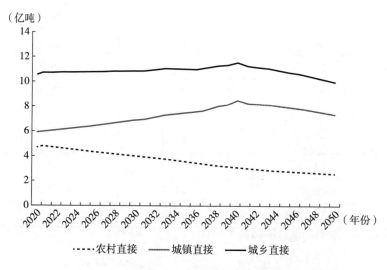

图 5-1 基准情景下城乡居民消费直接碳排放

2050 年降为 2.55 亿吨。城乡居民消费直接碳排放从 2025 年的 10.75 亿吨增长到 2040 年的 11.52 亿吨，之后开始下降，到 2050 年减少到 9.87 亿吨。城乡居民消费直接碳排放与城镇居民消费直接碳排放趋势相同，都在 2040 年出现拐点。

如图 5-2 所示，在基准情景下，城镇居民消费间接碳排放从 2025 年的 33.21 亿吨增加到 2033 年的 40.93 亿吨，然后开始降低，到 2050 年下降至 29.88 亿吨。农村居民消费间接碳排放变化较平缓，2025 年为 8.11 亿吨，2050 年为 8.23 亿吨，拐点出现在 2031 年，为 9.76 亿吨。受城镇居民消费间接碳排放变动趋势的影响，城乡居民消费间接碳排放在 2033 年达峰，水平为 50.35 亿吨，之后慢慢下降到 2050 年的 38.11 亿吨。

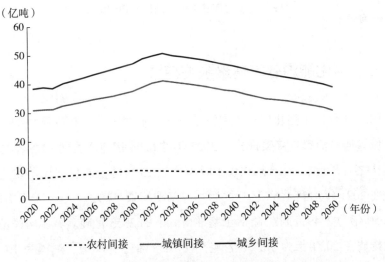

图 5-2　基准情景下城乡居民消费间接碳排放

图 5-3 描述了基准情景下城乡居民消费碳排放的未来趋势，城乡居民消费碳排放从 2025 年的 52.06 亿吨增长到 2033 年的 61.40 亿吨，然后开始下降，2050 年的碳排放水平为 47.98 亿吨。城镇居民消费碳排放的达峰时间同样为 2033 年，碳排放规模为 48.23 亿吨；农村居民消费碳排放的峰值出现在 2031 年，碳排放规模为 13.70 亿吨。农村居民消费碳排放的达峰时间早于城镇居民，主要原因是随着城镇化水平的提升，农村居民渐渐向城市转移，农村人口不断减少。

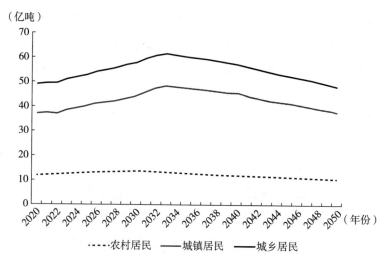

图 5-3　基准情景下城乡居民消费碳排放

二、强化能源效率情景预测结果

图 5-4 描述了强化能源效率情景下城乡居民消费直接碳排放的预测结果。城镇居民消费直接碳排放从 2025 年的 6.04 亿吨增长到 2035 年的 7.05 亿吨，之后开始下降，到 2050 年减少到 6.13 亿吨。农村居民消费直接碳排放在 2021 年达到 4.68 亿吨之后，与基准情景一样，一直处于下降趋势，到 2050 年为 2.49 亿吨，略低于基准情景下的 2.55 亿吨。城乡居民消费直接碳排放在 2020 年为 10.23 亿吨，在 2033 年达到峰值，规模为 10.57 亿吨，2050 年的水平为 9.87 亿吨。城乡居民消费直接碳排放的拐点为 2033 年，早于城镇居民消费直接碳排放的峰值时间。

如图 5-5 所示，在强化能源效率情景下，城镇居民消费间接碳排放从 2025 年的 33.49 亿吨增加到 2030 年的 36.44 亿吨，然后开始降低，降到 2050 年的 25.76 亿吨。较基准情况而言，达峰时间提前，峰值水平也有所下降。农村居民消费间接碳排放变化较平缓，2025 年为 7.89 亿吨，2050 年为 8.20 亿吨，拐点出现在 2030 年，为 9.5 亿吨，较基准情况而言，下降的幅度不大。城乡居民消费间接碳排放的达峰时间为 2030 年，水平为

45.91 亿吨，较基准情景减少了 4.44 亿吨，2050 年的规模为 33.97 亿吨，低于基准情景的同期水平。

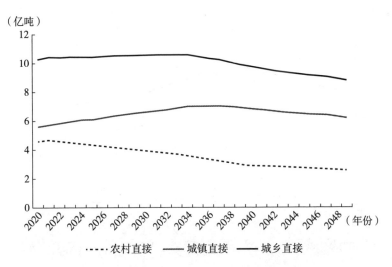

图 5-4　强化能源效率情景下城乡居民消费直接碳排放

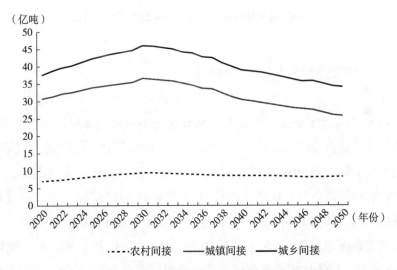

图 5-5　强化能源效率情景下城乡居民消费间接碳排放

图 5-6 描述了强化能源效率情景下城乡居民消费碳排放的未来趋势，城乡居民消费碳排放从 2025 年的 52.09 亿吨增长到 2031 年的 56.45 亿吨，然后开始下降，2050 年的碳排放水平为 42.59 亿吨，低于基准情景下的同

期水平。城镇居民消费碳排放的达峰时间同样为 2031 年, 碳排放规模为
43.03 亿吨; 农村居民消费碳排放的峰值也出现在 2031 年, 碳排放规模为
13.42 亿吨。

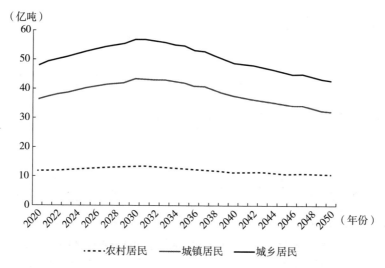

图 5-6　强化能源效率情景下城乡居民消费碳排放

三、低碳消费情景预测结果

图 5-7 描述了低碳消费情景下城乡居民消费直接碳排放的预测结果。
城镇居民消费直接碳排放从 2025 年的 5.8 亿吨增长到 2035 年的 6.6 亿吨,
之后开始下降, 到 2050 年减少到 5.83 亿吨, 低于强化能源效率下的同期
水平。农村居民消费直接碳排放在 2021 年达到 4.59 亿吨之后, 一直处于
下降的趋势, 到 2050 年为 2.44 亿吨, 与前两种情景相比变化不大。城乡
居民消费直接碳排放在 2020 年为 10.02 亿吨, 2031 年达到峰值, 规模为
10.25 亿吨, 较强化能源效率情景的达峰时间有所提前, 2050 年的水平为
8.27 亿吨。城乡居民消费直接碳排放的达峰时间为 2031 年, 早于城镇居
民消费直接碳排放的达峰时间。

如图 5-8 所示, 在低碳消费情景下, 城镇居民消费间接碳排放从 2025 年
的 32.41 亿吨增加到 2030 年的 33.66 亿吨, 然后开始降低, 降到 2050 年的

24 亿吨，低于强化能源效率情景下的同期水平。农村居民消费间接碳排放变化较平缓，2025 年为 7.76 亿吨，2050 年为 8.18 亿吨，拐点出现在 2030 年，为 9.25 亿吨。城乡居民消费间接碳排放的达峰时间也为 2030 年，水平为 42.94 亿吨，是三种情景中最低的，2050 年的规模为 32.18 亿吨，同样低于前两种情景的同期水平。

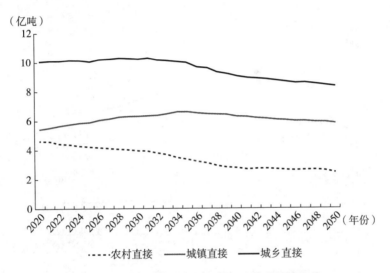

图 5-7　低碳消费情景下城乡居民消费直接碳排放

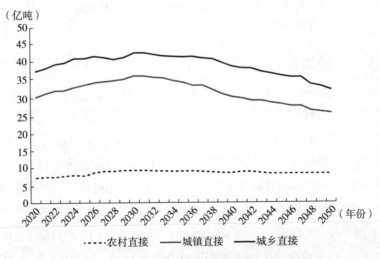

图 5-8　低碳消费情景下城乡居民消费间接碳排放

图5-9描述了低碳消费情景下城乡居民消费碳排放的未来趋势，城乡居民消费碳排放从2025年的50.28亿吨增长到2030年的53.1亿吨，然后开始下降，2050年的碳排放水平为40.6亿吨，低于前两种情景的同期水平。城镇居民消费碳排放的达峰时间同样为2030年，碳排放规模为39.94亿吨；农村居民消费碳排放的峰值也出现在2030年，碳排放规模为13.16亿吨。

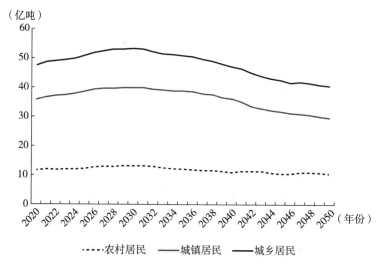

图5-9　低碳消费情景下城乡居民消费碳排放

四、三种情景的比较

综合以上三种情景下中国居民消费碳排放的预测结果，不难发现技术的进步使碳排放的峰值提前，达峰水平降低，消费者低碳消费方式的形成同样有利于消费碳排放的尽早达峰，且能降低峰值的水平。图5-10描述了三种情景下中国居民消费碳排放的达峰情况，在基准情景、强化能源效率情景和低碳消费情景下，中国居民消费碳排放的达峰时间分别为2033年、2031年和2030年，达峰时碳排放规模分别为61.4亿吨、56.45亿吨和53.1亿吨。与之对应的人均消费碳排放分别在2033年、2031年和2028年达峰，其水平分别为4.22吨、3.9吨和3.67吨。在低碳消费情景下，人均消费碳排放的达峰时间早于城乡居民消费碳排放的达峰时间，有利于碳减排目标的实现。总的来看，中国居民消费碳排放在 2030～2033 年有望达峰，且遵循环境库兹涅茨曲线，达峰之后出现下降的趋势，与经济增长、人均收入水平脱钩，步入良性发展阶段。

图 5-10　三种情景下居民消费碳排放达峰情况

第四节

本 章 小 结

　　本章主要根据第四章消费碳排放评估的结果，结合情景分析法，分析得出了基准情景、强化能源效率情景、低碳消费情景下中国居民消费碳排放的未来趋势。从结果来看：城乡整体的间接碳排放明显高于直接碳排放，城乡碳减排之间的差距依旧较大，且城镇的碳排放占比较大。由此可见，中国面临的碳减排压力依旧巨大，在三种预测情景下，中国碳排放峰值将在 2028～2030 年出现，为 113～120 亿 tCO_2，中国居民消费碳排放峰值将在 2030~2033 年出现，峰值为 53.1~61.4 亿吨 CO_2，占比在 47%~51%。随着社会的发展，能源效率的提升，伴随居民收入水平的提高，居民消费碳排放会在一定时期内达峰，出现拐点后开始降低，也就是说环境库兹涅茨在中国居民消费部门是适用的。据此，为引导和激励中国居民消费朝着更加低碳的方向发展，应综合考量人口转型、收入与消费模式变化、城镇化进程以及技术进步等因素对居民消费碳排放的影响。

第六章

居民消费碳减排政策及其福利影响

就目前中国碳减排政策的实践来看，减排政策主要围绕生产部门展开，主要针对高能耗行业及相关企业，缺乏专门针对居民部门的碳减排政策。从国际经验来看，部分国家已将居民消费碳排放列入碳税的征收范围。在未来一段时期，居民消费碳排放将成为中国碳排放新的增长点，居民部门将成为减排政策重要的作用对象。与居民消费碳减排相关的政策主要涉及定价、标准、碳税、补贴以及争议较大的个人碳交易等。从减排政策的作用范围来看，主要包括居民生活用电、家庭取暖、个人交通出行和能效投资等方面。本章就消费领域相关碳减排政策及其福利影响进行评价，主要涉及价格政策、碳定价政策、能效标准和能效政策。

第一节

居 民 消 费 碳 减 排 的 特 征

一、居民消费碳排放的特征

当前，中国城市化进程进入快车道，城市居民的生活方式不断转变，增加了能源需求。中国居民的消费方式正处于关键的十字路口，是选择高碳的生活消费方式，还是选择低碳的生活消费方式，不仅关系到减排目标能否实现的问题，还关系到中国能源安全及可持续发展问题。居民一旦形成高能耗、高排放的生活消费方式，进入碳锁定状态，便难以在短时间内被改变，会增加减排的成本。因此，当前应制定科学有效的消费碳减排政策，引导和激励居民转变生活消费方式，实现低碳消费。随着居民生活水平的提高，中国居民消费碳排放迅速增加，消费领域碳排放的基本特征与发展趋势如下：

(1)居民生活能源消费结构正处于转型期，含碳量高的能源需求规模不断下降，优质能源的比重不断上升。1996~2020年，在中国居民消费领域用能结构中，电力、天然气及可再生能源的消费量及消费比重不断升高，截至2020年清洁能源的占比已超过20%。煤炭、煤油等化石能源的消费量和比重逐年下降，但与发达国家相比，还存在较大的差距。发达国家优质能源(油、电、天然气及可再生能源)的占比达90%左右，中国2020年的水平仅为50%左右，消费领域的用能结构还需进一步调整。从碳排放的角度来看，人均消费用能碳排放逐年增加，短时间内难以出现拐点，总的来说中国消费领域用能清洁化仍有很长的路要走。

(2)居民消费碳排放增长迅速，已成为城乡碳排放的新增长点。居民消费领域的碳排放问题应引起国家政策制定部门的重视，碳减排政策应从以生产领域为主向生产和消费并重转变。根据前文的研究结果我们不难发现，在未来一段时间里居民消费碳排放将不断增长，其占整个国家碳排放的比重将不断上升，有望超越生产领域成为碳排放的主导。在总的规模上，人均消费碳排放逐渐向发达国家看齐，甚至有超越的迹象。中国人口众多，碳减排压力巨大，因此应关注居民消费领域的碳排放，出台相应的减排政策。

(3)居民消费领域用能结构不断转变，就目前的发展情况来看，供暖、电力和私人交通出行方面的能源需求是能耗增加的重点领域。随着居民对优质生活的追求，家庭住宅用能的比例不断提升，2020年已占居民消费直接碳排放的43%左右，交通出行方面的能耗占到15%左右。居民生活条件的改善与居民消费用能关系紧密，随着家用电器、制冷等方面的需求增加，电力需求将不断增长。2020年，城乡居民家庭拥有小汽车的情况为农村居民35辆/百户，城镇居民47辆/百户，交通出行能耗增长迅速。家庭取暖、家用电器及交通出行等在未来一段时间是节能减排的重点领域。

(4)城乡居民消费碳排放差异显著，不同群体间存在一定的差距。根据前文的测算结果我们不难发现，城乡居民人均消费碳排放水平差异明显，2020年农村居民人均消费碳排放为2315.69kg，城镇居民为4569.29kg，后者为前者的2倍左右。如果考虑不同人群的碳排放问题，差距将更加明显，城市高收入居民的碳排放水平是农村低收入居民的7倍之多。从消费用能结构上看，城乡间的差距比较明显，城镇居民的能源消费主要以优质能源为主，农村居民的能源消费主要以煤炭为主，甚至部分偏远山区仍以柴草、秸秆、动物粪便为主。低收入群体消费的碳排放主要是为了满足基本生活需要，高收入群体消费的碳排放多为了奢侈性需求，两者存在明显的差异，因此政策设计与制定过程应考虑碳排放的区域差异性及不同社会群体间的差异性。

从未来一段时间居民消费碳排放的变化趋势来看，短期内居民消费碳排放仍将处于快速增长的阶段，达峰时间和路径存在不确定性。①居民消费领域的用能需求将不断增长，碳排放规模将不断扩大；②从消费领域的用能结构来看，家庭供暖与制冷和交通出行的占比逐年增加，是未来政策管制的重点领域；③从长期发展趋势来看，居民消费碳排放将呈现先增长，达到一定状态后出现拐点，然后缓慢降低的趋势。2010~2030年是中国居民消费结构升级的关键时期，2020年以后居民生活水平大幅提升，居民对发展性碳排放的需求将逐渐增多，奢侈性碳排放的比重将大幅提升，碳排放空间增速较快，面临的碳减排压力较大。④城市交通出行碳排放增长迅速，在中国城镇化进程中，私家车的快速发展，引发了一系列的城市问题。因此，应通过增加城市公共交通的投资力度，引导消费者低碳出行，减少碳排放。

与居民消费碳排放的快速增长不对应的是，目前中国的碳减排政策主要以生产部门为主，缺乏专门针对消费部门碳减排的政策工具。目前，消费领域的碳减排政策主要以消费者的自愿、自律为主，缺乏有效性。普遍补贴制度对居民消费节能的激励效果不明显，居民缺乏节能减排的积极性。合理有效的碳减排政策工具的缺失，必将导致减排目标难以实现。因此，在树立低碳消费观念，加大宣传教育的基础上，需要政府部门的大力支持，在制定合理有效碳减排政策的同时，加大居民消费碳减排项目的投资力度，开发清洁能源技术，提供有利于碳减排的公共服务。

二、居民消费碳减排面临的制约因素

居民消费领域的碳减排面临众多困难：居民提高能源利用率、进行节能设备投资的积极性不高；居民缺乏相关产品和服务的能耗水平等相关信息；居民在整个消费碳减排体系中所处的位置不同，其面临的经济激励水平存在差异，影响居民对节能产品的投资；居民的决策行为存在有限理性，能源锁定或者路径依赖可能导致能源利用无效率。因此，对居民消费碳排放来说，这些不仅仅是消费过程中的负外部性问题，还涉及市场失灵和社会公平等问题，增加了居民消费领域碳减排政策制定的难度。结合居民消费碳减排的特点，归纳居民消费碳减排面临的制约因素，主要包括以下几点：

（1）信息不完全。消费者作为交易过程中信息相对弱势的一方，掌握的信息不完全。在消费碳排放层面，居民对能源技术和产品的能效信息掌握不够充分，影响居民的消费决策。针对某一项能效措施的成本—收益评估不够明确，消费者无法准确了解能效投资带来的收益情况，导致消费者不能及时做出合理的决策。能效信息作为产品服务的一部分，需要产品生产制造企业准确提供，但目前市场的统一规范性较差，没有相应的约束机制，企业缺乏提供的动力。总的来说，居民想要充分、准确地获得有关商品和服务的能效信息非常困难。同时，信息搜集成本的存在也增加了居民获取有效信息的成本。能效信息具有公共物品属性，具有消费的非排他性和非竞争性，这就要求政府部门提供相应的信息服务，增强能效信息的可获得性，并规范企业相关信息的披露制度。

（2）委托—代理问题。在居民消费领域委托—代理问题普遍存在，商品的拥有者和使用者存在分离，导致信息不对称和激励分离。典型的代表就是房主和租户的关系，在这一关系中租户为委托人，房主是代理人。委托人有降低能耗、提升能源利用率的动力，但是代理人并不是能源的最终使用者，并不支付能源账单，因此缺乏这一动力。租户和房主之间存在明显的信息不对称问题，租户是信息相对弱势的一方，对整个房屋的能耗信息掌握不够充分，而且不能掌握房主能源投资的情况。如表6-1所示，委托—代理问题主要包括以下四种情景：情景1(委托人选择技术，委托人支付账单)，在这种情景下委托—代理问题得到避免，因为技术选择和账单支付都由委托人来提供；情景2(代理人选择技术，委托人支付账单)，代理人缺乏增加能效投资的力度，造成代理人能效水平低下；情景3(委托人选择技术，代理人支付账单)，委托人选择技术水平高的能效产品，造成代理人账单增加，代理人可能通过增加房租的方式转嫁给委托人；情景4(代理人选择技术，代理人支付账单)，代理人有增加能效投资的动力，但同样可以通过增加房租的方式转嫁给委托人。

表6-1 委托—代理的几种情形

能源消费　　　技术选择	委托人选择技术	代理人选择技术
委托人支付账单	情景1	情景2
代理人支付账单	情景3	情景4

从上述例子中我们不难发现，能效投资的成本承担方和收益方存在差别，导致能效投资方缺乏能效投资的动力，一般房屋的能源消费支出由租户承担，房主没有增加能效投资的动力，在居民消费领域，住房能耗等信息的有效披露有利于节能减排，因此应重视信息披露的重要性，通过信息计划和反馈计划来避免居民部门能源消费的委托—代理问题。

(3)行为失灵。居民所做的决策也受"有限理性"的制约，消费者受其知识水平、消费习惯的影响，很难对消费领域的能效投资做出理性决策，选择商品时也不一定选择低碳商品。当消费者习惯使用某种能源商品，虽然通过技术的进步可以生产更低碳的能源产品，但受消费习惯的限制或者因转移成本的存在，可能会导致消费者锁定在原有的消费方式中难以转变。行为失灵的存在，导致了居民消费碳减排政策制定的难度。

三、居民消费碳减排政策的类型与特点

碳减排政策是环境政策的一部分，对环境减排政策的分析也适用于碳减排政策。OECD(1994)对环境政策工具进行了系统总结，将其划分为命令—控制类政策、经济手段、引导政策和社会管理手段四类。IPCC 在其发布的第四次评估报告中将减排工具总结为规制和标准、税费、可交易配额、自愿协议、补贴和激励、信息工具、研发计划与非气候政策八个大项。国内学者也对节能减排政策进行了系统分析，将其归纳为一般性政策工具(财税政策、金融政策、价格政策)、管制性政策工具(选择性控制、直接性控制)和间接性引导政策工具(道义劝告、窗口指导)(曾凡银，2010)。

环境政策相比碳减排政策所涉及的范畴更加广泛。碳减排政策的落脚点更加具体，目标为减少碳排放，碳减排政策相比环境政策更加具体明确，更有针对性。从某种意义上讲，碳减排政策是环境政策的一部分，是环境政策在某一领域的细化。两者的相关性非常高，环境政策对碳减排政策有很好的指导和借鉴意义。本部分结合国内外环境政策的情况，总结居民消费领域的碳减排政策，如表6-2所示。

表6-2　居民消费碳减排政策的主要类型及比较

类　型	优　点	缺　点
命令—控制类政策	强制执行，易于实现，短期效果明显	实施成本较高
经济激励类政策	考虑政策的成本—收益问题	需要完善的市场制度
信息披露类政策	社会调查、共同参与	信息收集难度较大

居民消费碳排放有其自身的特点，并与消费者的收入水平、消费习惯密切相关，异质性明显。同时，消费碳排放还面临着市场失灵和消费者行为失灵等问题，减排政策制定起来难度较大。减排政策必将影响社会分配问题，对居民的福利水平构成影响，因此在制定消费领域碳减排政策时，要考虑居民消费碳排放的特点，掌握减排政策的适用性，采取政策工具组合，提升政策成效。

(1)在居民消费碳排放领域执行碳税或碳排放权交易的政策成本较高。

碳排放权交易的对象主要为企业，居民参与碳排放权交易的难度较大。因为居民消费过程中消费的商品种类繁多，每个商品的碳排放水平存在差异，难以对个人的碳排放水平进行界定和测算，而且交易主体分散，交易成本较高。目前，居民消费碳交易政策仅仅停留在设想阶段，短时间内难以付诸实践。对居民消费信息掌握不充分，以及缺失有效的检测手段，增加了碳税执行的难度。目前，针对居民消费用能的测算手段不断完善，可以为消费者碳排放的计量提供依据，保证碳税有效实施。

(2)自愿性减排措施及居民能效标准政策已经不能抑制居民消费碳排放的快速增长。自愿性减排行动是环保意识强的消费者出于对环境保护的偏好，结合自身的低碳能力，自愿采取减少碳排放的消费活动。然而，这一减排方式的效果和持久性受到质疑。同时，居民的自愿性减排活动还受到认知、信息获取以及低碳消费能力的限制，难以形成社会规范，导致难以达到预期的减排目标。在能效标准政策方面，中国在居民消费领域制定了建筑物能效标准和家用电器能效标准，但部分标准落后且更新速度慢，同时设计过程存在缺陷，导致无法达到预期的效果，收效甚微。

(3)减排政策的实施可能造成分配问题，影响居民的福利水平。居民消费碳减排政策的实施，不可避免地会引发分配问题，弱势群体的发展权益可能受到影响。只有维护社会公平，保证每个人的权益，才能促进减排目标的实现。在减排政策制定及实施过程中，政府部门要发挥主导作用，合理处理碳减排政策的成本—收益问题。将对汽油征收的碳税应用到城市公交体系建设上，政府部门统筹决策，在实现减排目标的同时，增加社会福利水平。

(4)减排政策具有多目标属性，因此在选择减排政策时应注重减排政策的组合。居民消费碳减排面临着外部性、权益问题、社会公平、信息不对称、委托代理、行为失灵等一系列问题，这些问题的处理需要合理的减排政策来实现。减排政策的多目标性决定了单一的政策工具缺乏有效性，无法有效处理问题。因此，在选择减排政策时应注重政策的组合，发挥政策的合力，提升政策的效果。

(5)不同减排政策之间可能存在相互作用，这增加了政策选择的难度。

减排政策的种类较多，既有经济激励手段，如碳定价、碳税、个人碳交易等，又有标准、技术管制手段，不同减排政策的效果不同。当多个减排政策叠加时，政策之间是相互促进还是相互抵触，尚不明确。政策叠加时，是否存在重复管制问题直接影响着减排政策的执行效果，甚至会引发政策设计混乱。因此，在政策设计的过程中，应明确各政策的优缺点及其适用性，选取有效的政策组合，发挥政策的合力，提升碳减排效果。

（6）气候变化存在极大的不确定性，减排政策的效果也存在不确定性。气候变化问题受众多复杂因素的影响，减排政策能否实现预期的减排目标存在较大的不确定性。全球气候变暖受温室气体流量—存量机制的影响，碳减排政策的短期效果不明显，而且气候变化是不可逆的，无形中增加了减排政策选择的风险。

第二节

国内外消费碳减排相关政策

一、价格政策

相比政府管制，价格政策是市场经济体制下最有效率的机制。然而，不合理的定价政策既不利于碳减排目标的实现，又会损害社会公平。目前，中国对居民消费用能采取普遍补贴的策略，导致消费多补贴多的局面。这在某种程度上促进了高收入人群增加能源消费，形成了低收入群体补贴高收入人群的现象。因此，改革居民消费用能价格机制势在必行。

要改变现有不合理的补贴方式，取暖和生活用电是居民消费领域重要的两项能源消费，供暖主要采取按面积收费的方式，这降低了居民改善房屋保温性能的动力，相对较低的电价，导致居民电力能效投资不足。同时，不合理的用能补贴加剧了居民能源消费的不公平问题，从补贴的去向来看，高收入群体从中获得的收益最大，低收入群体所获得的效用水平的提升空间较小，这种高收入群体搭低收入群体"便车"的现象，加剧了社会分配的不公平。

（一）热计量收费改革

家庭取暖是居民能源消费的重要内容，目前中国大部分地区仍采用按面积收取热费的方式。与按面积收取热费相比，热计量收费更高效，更有利于消费碳减排目标的实现。根据发达国家的经验，将家庭取暖计费方式从按面积收费改为热计量收费，可有效降低能耗，节约热能30%左右。中国政府早在1995年就提出了供热收费制度的改革举措，但进程缓慢，收效甚微。其主要原因包括：①安装供热计量表的强制标准落实不到位，缺乏有效的行政监督；②安装供热计量表的成本分摊不合理，建筑企业没有动力去安装供热计量表，甚至出现安装虚假计量表，无法使用的情况；③即使在已经安装供热计量表的地区，也未按要求实施有效的热计量收费制度，导致资源浪费。

借鉴发达国家的经验，合理处理热计量收费改革中的成本—收益问题，建立完善的市场机制，将热计量收费与供热节能及节能改造同步进行。德国在1976年就出台了建筑节能条例，并于1980年全面开展热计量收费改革，到1983年就完成了对所有新建建筑和既有建筑的热计量收费。节能改造同热计量收费改革同步进行，降低了热计量收费改革的阻力，有利于节能减排政策的落实，提升了碳减排的效果。

（二）居民用电定价：双轨定价

随着居民家用电器的增加，电力的重要性越来越明显，它不仅是简单的能源商品，更是居民基本需求得到满足的保障。电价的制定不仅会影响居民的生活用能需求，还会影响居民的福利水平。电力事关居民的基本需求，因此不能采取边际成本定价的方式来实现社会福利最大化。欧美国家多采取社会定价或全生命周期定价法来保障居民的基本生活需求，超出基本需求的部分采取阶梯定价的方式来实现节能减排，达到碳减排的目标。

加拿大根据居民生活用电情况采取双轨定价方式，从 2008 年起加拿大对居民用电采取两种定价方式：对耗量在 1350 千瓦·时以下的家庭收取较低的价格；对超过这一限额的家庭收取较高的电费，同时收取一定的基础服务费，用以支撑客户服务成本的增加。根据加拿大电力公司的统计，拥有高收入的 20% 的家庭用电量占总电力供给的 45%，通过电价改革，大约 75% 的家庭境况变好。

中国在 2010 年发布了《关于居民生活用电实行阶梯电价的指导意见（征求意见稿）》，并于 2012 年开始正式实施居民生活消费阶梯电价，但从出台的阶梯定价方案及执行情况来看，减排效果并不明显，主要原因就是现行方案（见表 6-3）对收入分配的影响并不明显。阶梯定价对居民收入分配的影响主要涉及两个方面：一是不同收入群体之间的分配，二是消费者与供电企业之间的分配。中国现行的阶梯定价的阶差设置过低，难以实现抑制奢侈消费的目的。另外，实施阶梯定价后的收益归垄断企业所有，没有达到补贴低收入人群，保障他们基本生活需要的目的，反而增加了垄断企业的收益。

表 6-3　2011 年国家发展和改革委员会公布的指导方案

档　次	覆盖面（%）	电价（元）	价格增加幅度（%）
第一档	80	0.49	0
第二档	95	≥0.54	10.2
第三档	100	≥0.81	65.3

二、碳定价政策

（一）碳税

碳税是税收政策中受到学者们广泛评估的减排政策工具。碳税的征收将引起高碳排放能源价格的上涨，使消费者的能源消费结构发生变化，促使消费者选择更加清洁的能源，从而实现减排目标。国际上碳税的实施大体上分为三个阶段：第一阶段为 1990~2000 年，瑞典、丹麦、芬兰等北欧国家开始实施碳税政策；第二阶段为 2001~2011 年，英国、冰岛、加拿大部分地区加入征收碳税的行列；第三阶段为 2012 年至今，此时的代表为澳大利亚和日本。碳税的征收对象主要为能源生产企业和能源销售企业，居民作为能源的终端消费者之一，也可以列入碳税的征收范围。尤其是随着消费领域能源消费的不断增长，碳排放占比提升，有必要对消费者征收碳税，以达到碳减排的目的。目前，国际上主要有三种针对消费者的碳税模式，分别是瑞典模式、加拿大模式和澳大利亚模式。

瑞典对不同的管制对象采取不同的碳税策略，高能耗企业参与欧盟碳排放交易体系，未参与碳交易的企业缴纳税率较低的碳税，然而对居民征收全额碳税。加拿大不列颠哥伦比亚省通过能源的销售环节来进行碳税的征收，同时运用保证金制度来降低碳税的征收成本，消费者直接面对碳税价格，增加了经济激励效果。政府将征收的碳税以税收减免的方式返还给居民，实现碳税征收的收入中性。澳大利亚并不向居民生活用能直接征收碳税，而是向企业征收碳税，并给予居民大量补贴。不同模式碳税的比较，如表 6-4 所示。

表 6-4　不同模式碳税实施的社会福利效果分析

模式	碳税征收对象	优点	缺点	是否保护弱势群体
瑞典	对居民征收碳税，企业参加碳交易	全面管制，易于实现减排目标	导致重复管制，居民和企业碳价格差距大	未明确列出
加拿大	对居民征收碳税	避免税负转移	征收效率不高	有低收入居民保护措施
澳大利亚	对企业征税碳税	碳价格稳定	补贴居民可能破坏有效性	对居民进行大量补贴

(二) 个人碳交易

从目前的碳交易实践来看，碳交易的管制对象主要为高能耗、高排放的企业，一般不包括居民的消费领域。为了实现居民消费领域的碳减排，英国的学者提出了基于居民的个人碳交易政策框架，将传统的碳交易模式应用到消费领域，并提出了相应的解决方案，如可交易能源配额方案

（Fleming，2007）和居民能源交易方案（Niemeier et al.，2008）。各方案存在差异，但核心内容相同：①一定时期内碳配额的无偿均等分配；②居民消费中所涉及的任一项碳排放都需要支付相应的碳配额；③碳配额可以在消费者之间自由交易，消费者可以有偿出让自己剩余的碳配额。

个人碳交易政策往往被视为一项激进的政策，被排除在主要政策之外。但是，这一激进的政策能提升低收入群体的效用水平，低收入群体的碳排放配额通常有剩余，可以出售给高收入人群来获取额外收益，从而实现社会资源再分配。技术因素可能不是个人碳交易无法实现的关键，其无法有效付诸实践的原因是政策落实的成本太高。为了实现个人碳交易政策，我们需要建立个人碳排放注册和交易系统，系统的建设和维护成本较高，估计系统的成本将远远超过收益。不同社会群体对个人碳交易政策的态度存在差异，因为其涉及收入分配问题，得不到高收入居民的支持。个人碳交易系统的建立成本虽然很高，但从长期的效果来看，政策效果可能要比碳税好很多，具有显著的潜在收益空间。

三、能效标准

能效标准是在保证产品的其他特性（如性能、质量、安全和整体价格）的前提下，对用能产品的能源性能作出的具体要求。能效标准政策是碳减排政策的重要内容，对居民生活能源消费情况有重要的影响。能源服务离不开能效投资与能源使用，两项投入的组合决定了能源服务的效用水平，消费者根据自身情况，选择有效的能效投资水平。能效标准政策能有效地引导消费者增加能效投资，减少能源消耗。

（一）家电能效标准

早在 20 世纪 70 年代，欧洲各国就通过法律来限制家电能耗。1976 年，德国和法国开展家电能耗强制标识制度。美国在 1992 也将家电能效标准引入节能减排政策中，其"能源之星"计划成效显著，仅 2010 年美国通过此计划就减少了 1.7 亿吨 CO_2 的排放，增加收益 180 亿美元。

中国在 2004 年 8 月发布了《能源效率标识管理办法》，2008 年实施的修订过的《中华人民共和国节约能源法》明确了中国能效标准制度的实施办法及法律责任。2009 年，我国开展了"节能产品惠民工程"，以财政补贴方式推广高效节能家用电器。2013 年，国务院发布了《关于加快发展节能环保产业的意见》，指出"强化能效标识和节能产品认证制度实施力度，引导消费者购买高效节能产品"。2015 年，国家发展和改革委员会发布了《家用电冰箱能效"领跑者"制度实施细则》《平板电视能效"领跑者"制度实施细则》《转速可控型房间空气调节器能效"领跑者"制度实施细则》，将电冰箱、平板电视和空调三大类产品列入政策的激励范畴。

虽然在家电领域实施最低能效标准政策碳减排效果显著，同时节能成本较低，可操作性强，但是最低能效标准的进一步提高对居民的影响存在不确定性，大家普遍认为家电最低能效标准会损害低收入居民的利益。最低能效标准提高后，不满足新标准的家用电器产品不得进入市场，居民只能选择符合标准的家电产品，家电能效水平高意味着其技术要求高，相应的成本也高，售价自然比一般家电高，这必然限制低收入居民的选择。

（二）建筑物能效标准

住宅消费是个人消费的重要组成部分，其作为基础性消费，投入是巨大的。建筑具有较大的减排潜力，通过一定的技术手段能提高建筑能效水平，有利于减少家庭的能源消费支出，同时降低居民消费碳排放。建筑节能主要包括两个方面：一是建筑物维护结构的节能设计及能源的综合利用，二是建筑物运行能耗的节能。虽然在经济、技术上建筑物能效水平提升是可行的，但是由于认知、信息及建筑市场并没有有效结合，导致建筑物能效标准政策的实践并不理想。

对建筑物节能来说，建筑能效信息是关键，但是购房者或者租房者很难得到相关的信息。建筑商缺乏遵守建筑物能效标准的动机，他们普遍认为购房者与租房者不太注意房屋能效水平，也不愿意为能效水平提升投资。建筑能效信息的提供有助于消费者作出合理选择。德国是世界上建筑物能效标准践行比较成功的国家之一，其建筑节能标准历经了多次变革，其管理目标从传统的维护结构与设计标准转变为终端能耗标准，其特征包括：①建筑节能标准围绕建筑物终端能耗展开，与用户的能源成本挂钩；②将建筑物节能标准与居民 CO_2 排放水平联系起来，采暖、空调、热水按实际用量进行结算；③运用建筑节能证书为市场提供建筑能耗信息，在能源证书上标明建筑物的减排量。

2010 年，《严寒和寒冷地区居住建筑节能设计标准》出台，现行的住宅设计规范就遵循这一标准，单位面积能耗为 $15 \sim 25 kgce/m^2$。当前，中国的建筑能效标准水平与发达国家相比，仍处于较低的水平，提升空间较大。就中国目前的情况来看，提高建筑能效标准对居民部门的节能减排效果十分有限。

(三)汽车油耗标准

为了应对石油危机，1975 年美国制定了控制汽车燃油消耗量的法规，该项法规要求各汽车厂大幅度降低汽车的燃油消耗量，1978～1985 年，年均油耗量要降低 6%～7%。每个汽车生产企业以其销售的不同类型车辆占总销售量的百分比为加权系数，乘以不同类型车辆的燃油经济性指标，然后进行加总，得到该企业的平均燃油经济性指标，此值必须小于最高限值。根据美国最新修订的汽车燃油能耗标准，2016 年前美国汽车的油耗约 6.6 升/百公里，燃油经济性比美国现行标准高 39%。该标准首次将碳排放限制标准写入小汽车排放标准中，要求平均 CO_2 排放量为 175g/km。欧盟在 2011 年通过立法的形式确定了 2020 年之前小汽车的 CO_2 排放目标，2017 年油耗为 6.6 升/百公里，平均 CO_2 排放量为 175g/km；2020 年油耗为 5.5 升/百公里，平均 CO_2 排放量为 147g/km。

中国于 2004 年发布了汽车节能强制性国家标准《乘用车燃料消耗量限值》。该标准对轿车、轻型客车和多功能运动车辆的具体燃油经济性进行了法律规定。2015 年，中国的燃油经济性为 6.9 升/百公里，到 2020 年该标准降为 5 升/百公里。

在汽车出行方面发展中国家与发达国家存在区别，在发达国家私家车的拥有量非常多，使用小汽车出行已经成为一种生活方式，汽车出行的比重非常高，依赖度也高。目前，发展中国家人均汽车保有量仍处于相对较低的水平，但增长速度较快。从短期目标来看，汽油消费的价格弹性较大，价格手段(碳税)比油耗标准的减排效果更明显；从长期效果来看，油耗标准对碳减排的贡献较大，有利于减排目标的实现，同时促进汽车生产技术的革新。

四、能效政策

从消费角度来看，能源效率的提升有利于能源节约，一般用居民获得的能源服务水平与能源消耗量之比来表述能源效率。能源效率的提升表明居民在获得同等水平的能源服务的情况下能源消耗量减少，能源效率越高，同等能源服务水平下的能源消耗量越少。我们追求的节能目标是在不降低生活品质、不降低能源服务水平的条件下使能源消耗减少，进而提高能源效率，减少对环境的影响。居民生活领域能效政策的目的是，通过能效项目促进居民能效投资，促进节能减排技术在居民部门推广和应用，进而提升居民部门的能源效率，减少碳排放。

居民消费领域的能效政策可以有效提升居民的能源利用效率，在不影响居民能源服务水平的基础上减少能源消耗，进而改善外部环境条件。发达国家的能效政策被普遍采用，并取得了非常好的成效。英国政府规定能源供应商有义务为消费者提升终端能效水平；德国政府投入大量资金进行居民生活领域的能效改造，包括住宅保暖、家用电器等；美国政府通过一系列的能源项目来激励消费者提升能源效率，降低消费领域的能源需求。国外的能效政策一般分为信息和自愿性措施、管制性措施和激励性措施三类，如表6-5所示。

表6-5　居民部门的能源效率政策

工 具 类 型	具体政策工具	特定的政策实施
信息和自愿性措施	宣传活动	英国节能信托的节能产品标签计划
	能源管理	瑞典能源、气候社区顾问计划
	自愿性标识	美国的"能源之星"项目
	自愿协议	荷兰的长期协议

续表

工 具 类 型	具体政策工具	特定的政策实施
管制性措施	性能标准	欧盟家电最低能源性能标准
	建筑规范	欧盟建筑物能源性能指令
	标签制度	欧盟家电能效标签
激励性措施	税收减免	荷兰纯电动车的购置税减免制度
	补贴	法国的新能源汽车环境奖金制度
	可交易证书	意大利的"白色证书"计划
	贷款	德国对房屋能效改造提供优惠贷款
	退款	英国的"暖锋计划"
	融资	荷兰为建筑节能投资提供金融支持

能效政策的成本—收益分析表明,居民消费领域的能效政策能够产生净收益。麦肯锡公司的减排成本曲线说明居民部门的碳减排成本多为负数,节能减排的净收益明显,每吨二氧化碳的减排净收益在 60~80 欧元。居民部门能效水平的提升不仅有利于降低能源需求,还会减少居民能源服务成本,产生净收益。各国推行的信息标签计划和能效标准政策有利于能源消费水平的降低,进而减少碳排放。但是,目前各国的能效政策执行力度不够,尤其是发展中国家,尤为明显。能效政策执行力度不够主要表现在以下两个方面:一是政府的能效政策缺乏执行和评估,在设计方面还需要强化;二是政府进行能效水平提升的公共服务行动不足。

第三节

不同政策的福利影响

一、价格政策的福利影响

消费品价格上涨对消费者的影响包括两个层面:一是直接影响,二是间接影响。直接影响是指消费品价格上涨导致居民实际收入降低，购买的商品数量减少，直接影响消费者的效用水平。间接影响是指消费品价格上涨将通过一定的传导机制，影响资本市场和劳动力市场的资源配置，使资本和劳动力转移到其他行业，转移过程中存在的摩擦障碍将导致本行业的从业人员失业，从而引发社会福利损失。能源价格上涨同样会带来以上两种影响，从而影响消费者的福利水平。不同收入群体的能源消费支出占收入的比重不同，受能源价格上涨的影响也不同，低收入群体能源支出占收入的比重高，能源价格上涨对他们的影响较明显，更容易陷入能源贫困的窘境。

20/80 法则在居民能源消费中的表现尤为突出，对不同收入人群生活用能的需求价格弹性进行实证研究，结果显示：占比为 20% 的最低收入群体的能源价格弹性较小，仅为 0.2，低收入群体能源消费缺乏弹性；占比为 20% 的最高收入群体的能源价格弹性较大，为 0.55。相对于低收入群体，高收入群体的能源消费是富有弹性的。对于低收入群体而言，能源是生活必需品，主要应用于基本生活需求方面。对高收入群体而言，能源消耗多用来满足奢侈性消费需要。就价格的敏感程度来看，高收入群体要远远低于低收入群体，因此提高能源价格会产生累退性的政策效果。由于不同群体对能源价格上涨的敏感程度不同，因此减排政策应首先保证低收入人群的基本生活需求，对居民基本生活需求部分的能源消费进行价格补贴，保证居民基本的能源消费；对超出基本生活需求的部分，则实施更严格的能源价格政策，抑制高收入人群的奢侈性消费。

目前，中国居民消费领域的生活用电阶梯定价方案成效一般，其主要原因在于政府制订的阶梯定价方案对收入分配的影响并不明显，并没有达到保护基本生活需求、抑制奢侈性消费需求的目的。阶梯定价通过两个方面对居民收入分配产生影响：一是不同收入群体之间的分配，利用高收入群体奢侈性消费部分的高价格来补贴低收入群体的基本生活需要；二是消费者与能源供应企业之间的分配，合理分配节能减排带来的收益，合理分担节能减排的成本。中国现行的阶梯定价的阶差设置过低，难以实现抑制奢侈性消费的目的。尤其是阶梯定价后的收益主要归垄断企业所有，并没有保障低收入人群的基本生活需要，反而增加了垄断企业的收益。在阶梯电价的改革过程中，政策改革带来的收益被谁获得是政策福利影响评价的关键，直接关系到政策的成效。若供电企业将政策改革的收益用以弥补供电企业的成本，则供电企业的利润水平得到提升。受供电企业盈利模式的限制，供电企业缺乏降价的动机，甚至存在提高电价，获取额外利润的可能。这样必然导致居民承担了政策改革的成本，供电企业获取了改革带来的收益，这种情况不利于社会福利水平的提升，更不利于保护低收入人群基本用能的权利。相比供电企业获取政策改革的收益，居民尤其是低收入居民获取改革的收益，将更有利于社会福利水平的提升。将政策改革的收益用于补贴低收入居民的用能支出，对低收入家庭、残疾人家庭、失业家庭等给予更多的用能补贴，将有利于满足他们的基本生活用能需求，提升他们的效用水平，进而提升整个社会的福利水平。对于高收入群体存在的奢侈性消费用能需求部分，要征收累进税，且累进幅度要大，起到抑制奢侈性消费的目的，进而实现减排目标。

二、碳税的福利影响

碳税政策的制定必须结合一国的国情，与国家的经济发展水平、经济结构和能源结构相对应。碳税与其他税收一样，会产生分配效应，使社会财富在不同社会群体间进行再分配。碳税的征收会对不同消费群体产生不同的影响，影响的大小主要与居民的消费结构、碳税的最终承担者、环境改善的受益者及碳税收入的再分配有关。

居民消费结构不同，受到的影响程度也不同；碳税是由生产者承担，还是通过价格转嫁给消费者，差异比较大；减排目标的实现，环境质量的改善对不同群体的影响不同；碳税收入的再分配直接决定了社会福利水平提升的高低。有效实现碳税在不同消费群体间合理分担：合理确定碳税的征收对象；保证碳税收入使用的有效性，用以补贴低收入者或者投入低碳项目；不同类型的能源消费征税水平有差异。碳税的征税对象是面向全民征收还是面向企业征收，征收过程中的政策执行成本和效果不同。从减排效果来看，对居民征收有针对性，能有效落实减排目标，因此为了保证减排的有效性，要正确处理减排政策对社会福利的影响。碳税的征收对象直接决定了碳税政策的成效，对企业还是消费者征税碳税，其对社会福利的影响存在差异，因此要合理选择管制对象。同时，碳税是间接税还是直接税，也应当讨论分析，间接税就是对企业征收。直接税就是对消费者征收。间接税存在税负的转嫁，具有税收的累退性；直接税不存在税收转嫁问题，同时可以通过累进税提升碳税的效果。利用碳税收入，对低收入群体进行补贴，可实现碳税的"双重红利"。

个人碳交易的优势在于碳减排政策的"双重红利"明显，一方面能有效减少居民消费碳排放；另一方面有助于改善收入分配格局，消除碳减排对社会分配的不利影响。但是，个人碳交易政策的执行成本较高，需要具有良好的碳排放检测和核算方面的基础设施，其运行成本较高，缺乏经济可行性。个人碳交易的有效实施需要社会各个层面的积极配合：居民要明确个人碳交易的基本理念、操作流程，个人在碳交易体系中的位置和作用；国家需要完善居民消费碳排放监测核算体系，对居民消费活动中产生的碳排放进行计量核算；政府需要提供相应的公共服务，包括碳配额分配、碳交易基础设施的建设、系统的运行与管理。就目前的情况来看，这些要求在短时间内都难以实现，因此个人碳交易还处于试点阶段，尚不具备实施的条件。

三、能效政策的福利影响

能源服务的实现离不开能效投资和能源消费的组合，两者存在一定的边际替代率。能效投资增多，在相同能源效用水平下，能源消费将减少。能源消费增多，在相同能源效用水平下，能效投资将减少。具体分析如图 6-1 所示，存在能源效率调整和节能技术进步两种有利的情况。在能源效率调整的情况下，消费者的效用水平 U 可以通过不同（能效投资，能源消费）组合来实现，A 点和 B 点组合能够实现效用水平 U。但是，A 点是低能效投资、高能源消费的情况，B 点则是高能效投资、低能源消费的情况。

从节能减排的角度考量，本部分更趋向于 B 点的组合。在节能技术进步的情况下，消费者的效用曲线发生变化，技术进步使无差异曲线向内变动，由 U 变为 U'，但两者对应的消费者的效用水平是一致的，这必然导致消费者消费可能性边界移动，减少能源服务的支出。组合点由 C 点移动到 D 点，减少能源服务总支出的同时减少了能源消费，增加了能效投资。

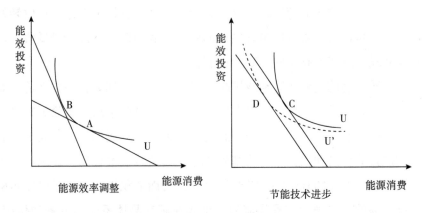

图6-1　能源服务效用水平

能源消费与能效投资可相互替代，在一定能源服务效用水平下，能源价格提高将导致消费者增加能源投资。节能技术的进步可以使消费者在低能耗的基础上实现能源服务的高效用。居民消费领域的生活用能存在不平等问题，表现为居民生活用能量的不平等，以及居民能效投资的不平等。对于低收入人群来说，没有能力进行能效投资，会导致能源利用率低下，能源效用水平低。对于高收入人群来说，面对能源价格上涨，其有能力进行能效投资，以减少能源价格上涨带来的能源服务效用水平降低的情景，从而实现以较少的能源消耗来实现能源服务需求的目的。对于低收入人群来说，受收入水平的限制，其无法进行有效的能效投资，福利水平受损严重。这种能效水平的差异及节能投资的不平等影响了社会福利水平，因此在碳减排政策制定中需多加考虑。设计合理的政策来实现消费用能减排成本的公平分担，低收入群体缺乏支付能力来进行能效投资，需要政府以公共物品的形式帮助低收入家庭进行能效改造，或者通过补贴的形式给予低收入家庭一定的能效补贴。

第四节

政 策 比 较 与 选 择

居民消费碳排放具有外部性、公共物品属性、权利属性和权益属性等碳排放所具有的基本特性。居民消费碳排放不仅是外部性问题，还涉及个人的发展权益问题，过度的碳排放会引发严重的环境问题，但个人基本生存所需要的碳排放空间应该得到保障。居民消费碳减排政策的选择是一个复杂的过程，减排政策的实施不仅影响居民的消费格局，还对社会福利水平构成影响，因此在减排政策设计过程中应充分考虑居民消费碳排放的多重属性，保障居民的基本生活需要，实现减排目标的同时提升社会福利水平。与其他经济现象一样，消费碳排放问题也面临市场失灵、管制失灵和行为失灵问题，单一的减排政策无法解决居民消费碳排放所存在的一系列问题，政策工具的有效组合显得尤为重要。当前，国内的碳减排政策还处于起步阶段，主要围绕生产领域展开，居民消费领域的碳减排政策相对缺乏，本部分借鉴发达国家的政策实践，将现行的居民消费碳减排政策总结为价格政策、碳税、个人碳交易、管制标准、能效补贴及信息计划等，每一种政策的使用范围不同，如表6-6所示。

表6-6　居民消费碳减排所面临的问题与政策选择

存在的问题	政策选择	社会福利影响
外部性	通过碳定价工具(碳税)实现外部性问题内部化	对低收入群体的影响相对较大
信息不完全	采取信息计划、强制信息披露	注意低收入群体的信息获取
管制失灵	采取经济激励政策，实现被管制者与管制者目标一致	受能力的影响，低收入群体的选择受限
行为失灵	采取能效标准政策或者命令—控制类政策	对低收入群体的影响相对较大

续表

存在的问题	政策选择	社会福利影响
价格扭曲	取消对能源的补贴政策	对低收入群体的影响相对较大
社会分配	采取有效的目标性补贴政策	注重资源配置的公平性
碳锁定	阶梯定价，累进碳税	保障基本需求，抑制奢侈性需求

（1）居民消费碳排放存在的外部性问题，可以通过碳定价工具实现外部性问题内部化。从理论的角度来看，碳税和个人碳交易具有同等的效果，个人碳交易可能更有利于保护低收入群体的利益，但考虑到政策的可实施性，操作便利的碳税更具有优势。

（2）针对居民消费碳排放存在的信息不完全问题，政府可以通过信息计划、强制信息披露来解决。信息具有公共物品的属性，政府应该为社会公众提供相应的信息服务，同时应加强信息披露制度，强制要求生产企业提供产品的能效信息，如家电能效标识、汽车能耗信息、住宅能效水平等。

（3）针对居民消费碳排放存在的管制失灵问题，可以采取经济激励政策，实现被管制者与管制者目标一致。在缺乏经济激励的情况下，被管制者缺乏履约的动力。例如，中国的热计量收费改革、建筑节能标准改革缓慢，其主要原因就是供热企业和建筑商缺乏履约的动力。因此，需要建立相应的经济激励机制，对履约的企业给予一定的奖励，以规避管制失灵问题。

（4）针对居民消费碳排放存在的行为失灵问题，可以采取能效标准政策或者命令—控制类政策来解决。当碳定价在政治上不被接受，消费者也无法得到有效的信息服务时，消费者难以做出合理的选择，运用能效标准政策或者命令—控制类政策显得十分必要。

（5）针对居民消费碳排放存在的价格扭曲问题，消除不合理的价格补贴非常关键。取消对能源的价格补贴不仅可以减少居民的能源消费，还可以调整居民的能源消费结构。合理的能源价格有利于减少能源浪费，提升节能技术及替代能源技术的研发水平。

（6）针对居民消费碳排放引发的社会分配问题，应采取有效的目标性补贴政策来解决。居民消费碳减排政策如果设计得不合理，会引发严重的社会分配问题，致使低收入群体承担不成比例的碳减排成本，需采取目标性补贴政策对低收入群体进行补贴，以解决社会分配问题。

（7）居民的消费格局不同可能引发碳锁定，居民的消费方式一旦形成难以改变，容易形成高能耗的消费方式，导致碳锁定。针对这种情况应采取阶梯定价、累进碳税的方式抑制消费者的奢侈性消费需求，实现减排目标。

IPCC 的第四次评估报告从环境成效、成本收益、分配影响及政策的可行性四个方面对主要减排政策的效果进行了评估，如表6-7所示。受国家体制、经济发展水平和居民意识形态的影响，政策的实际效果可能存在差异。因此，不同国家和地区要根据自身实际情况进行政策的适当调整，以提升政策的效果与收益。

表 6-7　主要减排政策的效果比较

政策	环境成效	成本收益	分配影响	可行性
法规和标准	规定了排放水平，但可能存在例外；成效取决于履约或达标情况	总体的履约成本较高；成本收益与政策设计有关	对低收入群体的影响较大；取决于是否受到平等对待	市场机制不完善的国家多采取此类政策
碳税	取决于碳税能否改变消费者行为	在体制完善的情况下成本收益较好，在体制不完善的情况下行政管理成本较高	存在税收的累退性问题，可以通过收入循环来加以改善	在政治上不受欢迎，制度如果不完善，将难以实施
碳交易	取决于碳配额的上限及参与情况	需要较高的实施成本，随着参与程度的提升收益增加	取决于期初碳配额分配的公平性	对市场的依赖性较高，需要一系列的配套措施
补贴	存在一定的不确定性，依赖政策的设计	取决于补贴的水平	被补贴者获益，但有些并不应该给予补贴	不同群体的反应可能存在差异

本部分对不同类型碳减排政策的社会福利影响进行分析，从减排对社会福利的影响来看，价格工具、能效标准、碳税、个人碳交易及能效补贴等政策对不同社会群体的影响不同，对社会福利的影响也存在差异。

（1）能效标准和碳税对低收入群体的影响较大。提高能效标准可能会限制低收入群体的选择，受收入水平的限制，低收入群体的能效投资水平普遍较低。在政府不能以公共服务的形式为低收入群体提供能效服务的情况下，能效标准的提高必将增加低收入群体的能源消费支出，增加其生活成本。同样，碳税将导致能源价格上涨，企业可以通过调整能源商品和服务的价格，将减排政策产生的成本转移到消费者身上，引发社会分配问题，导致低收入群体负担不成比例的成本。碳减排政策可能限制低收入群体的选择并增加他们的生活成本，因此从社会福利的角度出发，应该通过相应的补贴政策来缓解减排政策对低收入群体的影响。

（2）减排政策的选择与设计对社会福利的影响差异较大。阶梯定价政策有利于在保障低收入群体基本生活需要的基础上，抑制高收入群体的奢侈性消费需求，进而达到节能减排的目的。能效标准的提升将限制低收入群体的选择，使他们的能源支出增加，加大低收入群体的生活负担。差异化标准政策虽然执行成本较高，但是有利于实现社会公平。普遍补贴将导致价格扭曲，使高收入群体搭低收入群体的"便车"；专项目标性补贴则有利于保障低收入群体的权益，实现能源效率与公平。碳税的可行性较个人碳交易更高，从长期的效果来看，个人碳交易更具优势。相较于能效标准的"一刀切"，信息计划和能效标识更有利于促进整个社会参与节能减排中。碳税的征收对象不同，对社会的福利影响也不同。对能源供应企业征税，企业可以将成本转嫁给消费者，这势必会对低收入群体的碳权益构成不利影响。通过税率的调整对家庭征收碳税，对低收入群体的基本生活需要执行较低的税率，甚至为零，对高收入群体的奢侈性需求执行较高的税率，进而保护低收入群体的碳权益。同样，在企业间进行碳交易势必会产生分配效应，对低收入群体的收益构成不利影响。在消费领域进行个人碳交易，有利于在保护低收入群体权益的基础上提升整个社会的福利水平。

（3）从分配效果来看，个人碳交易的分配结果最公平，阶梯价格有利于优化居民能源消费格局，在保障居民基本生活需求的基础上，抑制居民的奢侈性消费需求。就能效标准而言，能效标准的提高会限制低收入群体的选择，但对高收入群体的影响并不大。碳税具有累退性，不同消费群体承担的减排成本不同，低收入群体将承担与其能力不成比例的减排成本，增加了居民碳消费的不公平性。普遍补贴政策的取消将会增加低收入群体的生活成本，实施目标性能效补贴有助于提升低收入家庭的能效水平，降低减排政策对低收入家庭的影响。

居民消费碳减排政策的选择过程要兼顾减排政策的社会福利效果和减排政策的可行性，及政策落实过程中存在的困难与阻力。从消费领域减排政策的社会接受度来看，阶梯价格的接受度最高，首先为能效标准，其次为碳税，个人碳交易的社会接受度最低。在目前的基础设施和政策环境下，在消费领域征收碳税可能会遇到较大的困难和一定的社会阻力。与碳税政策不同，在消费领域通过技术标准进行隐性定价，更容易被社会公众所认可和接受。从减排政策的长期效果来看，缺乏有效的碳定价政策将无法形成改变消费者行为的价格信号，难以从根本上减少碳排放，实现减排目标。相较于简便易行的碳税政策，消费领域的个人碳交易则需要一系列的基础设施来支撑，需要对个人消费碳排放的各个领域进行有效检测，需要对个人碳排放配额交易进行有效监督，需要合理的管理与运行机制，其政策可行性最差。就中国现阶段的情况来看，对居民消费碳排放进行碳定价仍存在较大困难。目前，中国生产领域的碳税和碳交易政策仍处于试点阶段，还没有全面开展，对居民消费碳排放征收碳税还需较长的时间，遇到的阻力也会比较大。

消费者之间的异质性增加了减排政策的成本，降低了减排政策的效果。不同家庭之间存在很大的异质性，收入水平存在明显差异，其能源需求结构也不同，因此对能源价格上涨的承受能力也不同。减排政策设计如果没有考虑家庭间的差异，采取统一的减排政策，将会对社会福利造成不利影响。以能效标准为例，统一的最低能效标准政策可能会降低（低价格、低利用率）消费者的福利水平，反之则增加（高价格、高利用率）消费者的福利水平。在理想状态下，可根据区域差异制定不同的能效标准，对极端天气较多的地区与气候温和的地区实施不同的政策标准。差异化的减排政策将有利于满足不同消费群体的需求，但差异化政策的执行成本较高，政策制定者要综合衡量政策的公平与效率，进而采取合理有效、切实可行的差异化节能减排政策。

第五节

本 章 小 结

  本章具体阐述了居民消费碳排放的特征，对比了国内外消费碳减排政策，总结得出了不同消费碳减排政策的福利影响，根据消费碳减排过程中的制约因素，进行政策比较与选择。由此可知，碳减排政策的选择与制定相对复杂，减排政策的实施不仅影响居民的消费格局还会对社会福利水平构成一定的影响，因此在居民部门碳减排政策的制定过程中，应从居民部门的消费碳排放属性和消费碳排放特点入手，要保障居民的基本生活需要，实现减排目标的同时提升社会福利水平。当前，中国的减排政策对居民消费格局、收入分配及社会福利的影响关注不够。从社会福利影响来看，减排政策的选择与设计对社会福利的影响差异较大，因此在进行居民消费碳减排政策选择时，要综合考虑减排的目标、政策的效果及其对社会福利的影响，制定合理有效的居民消费碳减排政策。

第七章

中国居民消费碳减排政策选择

中国居民消费碳减排政策的定位与目标

一、政策的定位

随着经济的快速发展和居民生活水平的提高，居民消费已成为碳排放的重要来源之一。目前，中国碳减排政策以生产领域为主，围绕产业制定，居民消费碳减排在整个国家碳减排体系中的定位不明确，实行的政策多为启发性、宣传性和引导性的非强制性政策，缺乏系统和有效的消费碳减排政策体系。从碳减排政策的设计来看，管制对象是生产者还是消费者所产生的分配效应不同。同时，不同类型的政策工具对社会不同群体的影响存在较大的差异，需要根据居民的消费水平与消费结构进行合理选择。现阶段，中国居民消费碳减排面临的问题主要包括以下几个方面：

（1）消费碳减排在整个国家减排体系中的位置不明确。在国外的碳减排政策实践中，碳减排政策以企业为主，居民部门为辅，碳税、碳排放权交易等政策渐渐覆盖消费领域。由于能源安全及全球气候变化等问题的存在，发达国家非常注重居民部门的节能和消费碳减排。在中国政策层面，市场型环境政策工具（如碳排放税、碳排放权交易等）被广泛应用于推动碳减排。然而，这些政策工具主要集中在生产端和能源消费端，对消费端的直接干预较少。中国消费端的碳排放占比已经超过生产部门，随着中国居民消费水平的不断提升，居民消费碳排放规模不断扩大，势必超过生产领

137

域, 成为未来碳排放的主要增长点。消费端的碳排放不仅影响国内的碳减排任务分配, 还涉及国际贸易中的碳转移问题, 这使消费端的碳减排责任更加复杂, 这种碳排放格局的变化亟须政策作出调整, 制定科学合理的消费碳减排政策。因此, 消费领域碳减排在整个碳减排政策体系中不可或缺, 与生产领域碳减排同等重要。

(2)消费碳减排的目的不明确。消费碳减排政策制定的直接目的是减少碳排放对环境的影响, 减缓气候变化, 降低全球变暖给人类带来的威胁。消费碳减排的最终目的是实现人类的更好发展, 满足人们不断增长的能源需求。消费碳减排并不意味着降低居民的能源服务水平, 也不以人们的发展为代价。而是通过改变居民不合理的生活方式和消费结构, 达到居民消费的低碳化, 进而实现可持续发展。随着中国经济发展和人民生活水平的提高, 不同收入层次的人群在消费需求上的碳排放差异显著。这种消费侧的碳排放不公平问题限制了进一步释放消费侧碳减排的潜力, 因为高收入人群的碳排放量远高于低收入人群, 而政策制定者在减排目标上往往未充分考虑这种差异。消费碳减排政策的另一目的是实现社会福利水平的提升, 消费碳减排政策应发挥其分配效应, 抑制奢侈性消费需求, 保障低收入群体的基本生活需求, 在维护社会公平的同时实现社会福利最大化。因此, 政策定位应落脚于, 根据实际情况, 设计有差别的碳减排目标和措施。

(3)消费碳减排是自愿措施还是强制行动。中国居民消费碳减排政策的定位在自愿措施和强制行动之间存在一定的复杂性。目前, 中国的减排政策以宣传、教育、引导性政策为主, 政策执行效果不明显, 难以对整个社会的居民消费行为构成影响。中国已经建立了一些自愿碳减排交易市场, 并且鼓励个人、企业和政府参与碳中和活动。自愿碳减排交易市场的建立旨在通过市场机制激励企业和社会各界参与碳减排, 同时提升公众的社会责任意识。然而, 随着国际社会对气候变化问题的关注加深, 以及国内碳排放压力的增加, 中国逐步引入强制性的碳减排措施。强制性管制政策见效快, 落实简单, 但存在较高的实施成本; 经济激励性政策执行效果好, 政策收益明显, 具有较强的针对性, 但是需要良好的市场机制和基础资源的支撑。从长远来看，中国可能需要在自愿减排和强制减排之间找到一个平衡点。一方面，自愿减排措施可以作为市场机制的一部分，通过经济激励来促进低碳技术的应用和推广；另一方面，强制性措施可以确保国家层面的碳减排目标得以实现，特别是在面对国际承诺和国内环境保护需求时。这种"强制+自愿"的模式不仅可以利用市场的灵活性和效率，还可以通过法律和行政手段确保政策的有效实施。因此，应对消费碳减排政策进行合理设计，合理利用经济激励政策和行政政策，采取合理的政策组合，推动低碳社会建立。

二、政策的目标

IPCC 的第四次评估报告提出，判断减排政策优劣的标准包括成本有效、环境有效、政策可行性。Stern（2008）提出评价环境政策的三大准则：有效性、高效性和公平性。有效性是指减排政策能否实现既定的碳减排目标，多表现为政策执行后环境改善的效果。经济效果是政策对价格、技术创新、收入分配、就业及对外贸易的影响；动态效果是在减排政策下产生的新产品或新技术，有助于长期碳排放的减少，体现了政策的长期效果；软效果是指减排政策引起的消费者观念和行为的变化，即低碳行为的变化。高效性是指减排政策能否以较低的成本（包含实施成本、参与成本、减排成本）实现规定的减排目标。虽然普遍研究表明，个人碳交易的减排成本和总成本低于其他减排政策，在实践中具有实施的可能性，但个人碳交易在建立初期需要较高的成本（DEFRA，2008），同时个人碳交易涵盖了许多排放量较小的碳排放源，相对于碳税和上游碳交易，具有较高的实施成本。公平性是指个人拥有向大气中排放碳的平等权利，以及政策实施对不同群体间福利分配的公平性。Parag 等（2011）的研究表明，个人碳交易相较于其他碳减排政策更具公平性，在碳税和个人碳交易具有相同减排效果的前提下，碳税具有明显的累退效应。碳减排政策的实施至少不应使低收入群体的情况恶化，若出现这种情况，应该利用其他政策加以弥补。基于居民消费特征，科学合理的消费碳减排政策应该以社会福利最大化为目标，引导和推动消费格局合理化，实现低碳消费，具体如下：

(1)减排政策的有效性。政策可以有效促进居民消费碳减排，实现减排目标，这是关于政策的环境有效性，需考虑政策能否通过教育、媒体宣传等方式降低居民的能源消费水平，提高居民的环保意识和绿色消费理念，使其主动选择低碳生活方式；能否实现居民能源消费结构的优化，优化消费结构，减少高碳排放商品和服务的消费，增加低碳环保产品的供给，增加清洁能源的消费，减少对传统能源的依赖；能否推动低碳技术的创新与发展，加大对低碳技术的研发投入，推广高效节能技术，并鼓励采用先进的低碳生产方式，实现政策的动态效果；能否引导激励消费转变消费理念与行为，目前针对居民消费的经济激励政策工具运用不足，政府可以考虑通过补贴、税收优惠等手段，鼓励居民购买低碳产品和服务，打破消费碳锁定，实现低碳消费。居民消费碳减排不仅需要单一政策的支持，还需要多部门协同合作，不同地区经济发展水平和居民消费习惯存在差异，应因地制宜地制定减排策略，确保减排政策的有效性。

(2)减排政策的成本—收益性。一般来说，经济激励性碳减排政策的减排成本要显著低于管制性政策，主要是因为经济激励性政策能够借助市场机制的力量，通过价格信号引导企业和个人主动调整其行为模式，从而减少碳排放。经济激励性政策对社会制度的依赖普遍较高，尽管市场机制在理论上能够自发调节，但在实际操作中确保政策得到严格遵守并执行到位往往需要耗费大量的监督资源和管理精力，因此如果考虑政策监督和执行成本，经济激励性政策的优势将会大大减少。通过技术手段进行监管的措施具有成本优势，其依托智能化、自动化的监控系统，降低了对人工监督的依赖，在一定程度上削减了监督成本，提高了减排数据的准确性和透明度，有助于政策效果的精准评估。进一步地，当我们深入分析政策的分配效应及其对整体社会成本的影响时，收入中性的碳税政策作为兼顾公平与效率的选项，展现出了其独特的有效性。收入中性意味着碳税收入将被用于减少其他扭曲性税收或提供直接补贴，从而在总体上保持税收负担的中性，避免对经济活动产生不必要的干扰。当然，碳税政策的执行过程还涉及碳排放的检测成本、政策得以有效实施的制度和基础设施的建设成本等，必须全面权衡各种因素，以期在成本控制、政策效果和社会接受度之间找到最佳的平衡点。

（3）减排政策的分配中性。分配中性相较于收入中性，更能提升减排政策的合理性和公平性。受各国税收体系的影响，各国采取财政中性或收入中性原则的效果差异较大。在发达国家，由于社会整体的收入分配差距相对较小，在实施财政中性或收入中性原则时，所产生的收入分配效应相对较弱，这意味着政策对不同收入阶层的经济影响较为均衡，不易引发显著的社会不公。然而，在发展中国家，情况则大相径庭。这些国家往往面临着居民收入水平差距较大的问题，当采用财政中性或收入中性原则时，其引发的收入分配效应相对显著，有可能加剧社会经济的不平等状况，导致累退效应更加明显。累退税指的是税负随收入增加而减轻的税收制度，这在碳税情境下意味着低收入群体可能需要承担与其收入不相匹配的减排成本。这种情况不仅违背了税收公平原则，还可能进一步恶化本已失衡的收入分配格局，产生极为不利的收入分配效应，即加剧贫富分化，对社会稳定构成潜在威胁。因此，政策设计应坚持分配中性原则。分配中性要求政策在减少温室气体排放的同时，不改变社会各阶层的相对经济地位，确保政策的公平性，采用累进税率，将碳税的税收收益用于补贴低收入群体，以减缓碳税对低收入群体基本生活需求方面产生的负面影响，保障低收入群体的权益，进而实现社会福利最大化。

（4）减排政策的保障性与公平性。相对于居民不同的消费需求而言，居民消费碳减排政策应该保障基本生活消费需求。基本生活消费需求作为居民生存与发展的基础权益，包括食物、衣物、住房、教育和医疗等，这些需求的满足是维系个体及家庭基本福祉的关键，在此基础上，通过经济手段（如碳税、排放许可费等）或行政措施（如限制高能耗产品进口、推广绿色消费文化等）有效抑制奢侈性消费需求，引导社会形成更加理性、环保的消费习惯。居民的基本生活消费需求属于发展权益，应该优先得到保证，而获取非基本生活消费需求部分的能源消费对社会构成的不良影响，需要支付额外的社会成本，奢侈性消费需求应该得到有效抑制。消费群体的收入水平直接影响居民消费需求层次的分布，低收入群体主要以基本生活消费需求为主，收入水平不足以支持奢侈性消费需要，因此碳减排政策要维护社会公平，给予低收入群体相应的补贴，满足其基本生活消费需要。

第二节

中国居民消费碳减排政策选择的方向

一、兼顾成本—收益的社会福利导向

消费碳减排政策的选择主要有两种方法：一种是成本最小化法，通过比较不同政策的成本—收益，选择一定减排收益下成本最小的减排政策；另一种是社会福利最大化法，以社会福利最大化为目标，注重社会资源的有效分配，根据社会福利水平的提升情况进行政策选择。从政策有效性来看，政策管制对象及政策作用范围的选择、政策成本—收益的分配等都会产生分配效应，进而对社会的福利水平产生影响。

（1）管制对象的选择。碳税或个人碳交易可以在能源生产阶段征收（自上而下的方式），也可以对能源使用者进行征收（自下而上的方式），然而，这两种征收方式的政策效果存在差异。从长期的效果看，下游体系的减排效果更加明显，因为在下游体系中存在大量的低成本减排机会，虽然对小型汽车、居民取暖燃料及小型企业的能源消耗及碳排放量进行有效检测的难度较大，但是可以通过有效协调中游的能源供应环节来对政策进行合理补充，进而提升政策的有效性。

（2）政策收益的分配。碳税政策在实现减排目标的同时，可以增加政府的财政收入，碳税的收益去向将对社会分配产生重要影响。碳税的收益应纳入税收再循环系统，以减轻征收碳税产生的不利影响，实现环境政策的双重红利，进而提高整体经济效率。为了实现减排目标，对能源类商品征收一定水平的碳税将间接导致其他商品价格上涨，降低资源的利用率和经济效益。同时，环境税收政策的影响存在一定的不确定性，其产生的不利影响可能会超出收入分配的范畴，导致环境政策的双重红利流失。碳税的收益可以应用到多个方面，如资助节能减排技术，支持居民能效投资项目，向消费者进行定向补贴，调整税收体系，减少财政赤字等。

（3）分配效应与政策可行性。碳减排政策不可避免地会产生分配效应，对不同的社会群体产生不同的影响，影响政策的公平性与可行性。碳税、碳配额的分配及拍卖将直接影响碳排放权的分配，关系着居民消费碳排放权的实现。将碳税收益纳入税收再循环系统，同时降低对低收入群体的征税额度，可以有效缓解减排政策对低收入群体的不利影响。期初个人碳配额的公平分配有利于保障低收入群体的碳权益，提升他们的碳收益。

（4）价格波动性。碳价格同其他商品价格一样存在波动性，其不确定性源于能源价格的变化，节能减排技术的进步，以及可替代能源的开发等。碳价格的波动性增加了未来碳减排成本的不确定性，使消费者不能对未来的碳收益进行有效预期。在碳减排政策的静态分析中，减排政策的边际收益是不变的，为实现社会福利的最大化，要将减排规模限定在边际成本等于边际收益的水平上。但是，从动态的分析过程来看，碳减排的边际收益是变化的，碳价格存在波动性，这可能会导致政策设计的最优减排量实现起来较为困难，因此政策要对一定周期内的碳税税率或碳排放限额进行适当的调整。

（5）消费碳排放所处的领域不同。不同领域的消费碳排放具有不同的特征，因此消费碳减排政策的组合选择必然存在差异。在居民用电领域，政策组合需考虑信息计划和政府对能效标准的管制政策，同时采取有效的经济激励措施，如能效投资补贴或可再生能源促进政策。在交通能耗方面，政策组合则需要考量不同减排政策间的相互作用，如燃油税、燃油经济性标准、新能源汽车购置补贴等。

二、有效的政策组合

居民消费碳减排目标具有多重属性，同时居民消费碳排放存在外部性、价格扭曲、管制失灵及行为失灵等一系列问题，仅通过单一的碳减排政策难以在实现碳减排目标的同时解决如此多的社会问题，因此消费碳减排需要有效的政策组合，在实现减排目标的同时保证社会公平，提升社会福利水平。

（1）政府的管制政策和行动计划在减少碳排放方面起到关键的作用。减缓气候变化、减少居民消费碳排放面临众多的障碍，单纯依靠碳定价政策难以按照所需的规模或速度实现有效的碳减排。居民消费碳减排不仅要改变居民的消费行为，还要增加相应的能效投资，实现碳减排技术的变革，这需要政府采取积极行动来实现。政府制定的信息计划、管制标准、激励机制及补贴政策都可以发挥有效的作用。例如，制定家用电器、交通工具和住房的能源效率标准，能够以相对较低的成本保证节能减排的效果；加大节能减排技术研究与开发的支持力度，为技术革新创造条件，有利于减排政策长期效果的实现，能在维护国家能源安全的基础上，实现居民生活水平的提升。

（2）减排政策的关键在于使消费者对低碳消费形成稳定偏好。生态价值观的形成有利于减排目标的实现，居民良好生态价值观能否形成将决定居民消费碳减排的成败。责任和义务是人类偏好的重要组成部分，这些偏好会因信息和经验的改变而发生变化。如果我们的某种行为可能对他人构成不利的影响，甚至会危害他人的生命，我们将会对这一行为进行控制，以避免不利影响的产生。例如，酒驾行为的普遍减少并不是因为惩罚机制有效，而是通过宣传教育让公众意识到酒驾是极其不负责的行为，对他人的生命安全构成了极大的危害。同样，越来越多的人改掉抽烟的习惯，主要原因在于人们对抽烟带来的危害的认识日益增多。居民良好的生态价值观的形成需要一个过程，面对全球气候变化，我们在实现当代福利的同时，必须考虑后代人的权利和幸福，减少不必要的消费碳排放。

(3)技术政策有利于实现长期的碳减排目标。我们可以通过多种途径来实现节能减排技术的革新。不同类型电力的补贴电价政策可以确保消费者以不同的价格购买不同类型的电力，西班牙、德国、匈牙利和葡萄牙等国家电价补贴制度的有效实施，促进了可再生能源的推广，取得了一定的减排成效。但是，电力的补贴电价政策也可能产生一些问题，消费者将面对较高的能源价格，并成为最终埋单者。技术政策的有效实施能够使消费者从新技术的推广和应用中获得收益，提升技术变革的速度，扩大减排规模，降低减排成本。

(4)制定针对市场失灵和消费者行为失灵的政策。某些节能减排政策可能具有成本有效性，但是受消费者行为失灵的影响，这些政策可能不被消费者所选择，消费者也不会采取与之对应的减排措施，最终导致政策无效。因此，政策制定要规避市场失灵和消费者行为失灵问题，避免市场信息不完全、组织结构不合理、普遍存在的委托代理问题等对减排政策的不利影响，合理运用信息计划、经济激励与政府管制等政策工具组合，提升政策效果，实现减排目标。

(5)居民消费碳减排涉及的范围较广，需要社区、企业及政府部门有效配合。居民消费碳减排不仅仅是居民部门的事情，其涉及社会的各个方面，需要不同社会主体的积极参与。政府要设计完善的城市发展规划，为人们提供更多的公共服务，同时对相应服务制定合理的价格；企业要为消费者提供符合标准的减排技术与产品，要不断进行节能减排技术的革新；社区在节能减排政策推广、宣传方面应发挥积极作用，引导消费者形成良好的生活习惯。居民消费碳减排问题的解决需要不同部门和社会主体联合行动，有效推动居民消费碳减排政策的落实。

(6)减小减排政策执行的阻力。减排政策的实施对不同居民产生的影响不同，相对于高收入群体而言，减排政策对低收入群体的影响可能较大，因此要配以相应的再分配和补偿机制，以减少减排政策实施的负面影响。单独征收碳税可能存在较大的阻力，配以相应的定向补贴政策将有利于碳税政策的开展，同时通过政策耦合可以有效解决单项政策实施所带来的负面效应。

三、减排政策的公平性

对环境政策进行成本—收益分析是政策评估过程中普遍采取的做法，环境政策的实施可能会对社会分配产生影响，但在实际操作中很少考虑这一因素，并未将其列入政策的管制目标。对居民消费碳排放而言，相关减排政策的分配效应更加明显，弱势群体和低收入群体的福利水平受政策的影响较大，可能无法保证他们的基本生活权利，导致了居民消费碳排放的不公平问题。即使是成本有效的碳减排政策，也可能损害社会福利水平，因此有必要采取补偿方式，实现碳减排政策成本的合理分摊，实现碳减排政策的公平性。

通过对高含碳产品征收碳税来减少温室气体排放，必将导致相关产品及能源价格上涨，消费者将通过增加能效投资或者选择替代产品来应对能源价格上涨。碳税政策的实施有利于清洁能源及减排技术的开发，能够鼓励消费者进行能效投资，从而实现节能减排的目标。相对于高收入群体，低收入群体的选择可能受限，对低收入者而言，生活必需的能源支出占其消费支出的比例较高，碳税政策可能对他们的影响更大。同时，受收入水平的限制，低收入者可能负担不起低碳、高能效设备的投资成本，这限制了低收入群体的选择，他们承担了与其能力不对应的政策成本。好的碳减排政策应该合理分配碳收益，因此应该对低收入群体进行能效补贴，或者以公共服务的形式为低收入群体提供能效服务，在实现碳减排目标的同时，不损害低收入群体的权益。

对因减排政策实施而受到影响的低收入群体而言，现行的补贴政策效果有限，不能保证他们的基本权益，尤其是老年人、失业者、残疾人，因此需要提升补贴政策的力度，通过定向补贴来减轻减排政策实施对低收入群体的冲击。政府可以利用现有的救助渠道完善能源救助计划，加大对特殊人群的补贴。补贴政策应该满足以下几点：①覆盖尽可能多的低收入群体或弱势群体；②除了面向水电费外，还应该面向更多的能源支出项目；③补贴效果应能抵消政策带来的不利影响；④反映居民的碳排放规模；

⑤有良好的保障机制，保证补贴的有效性。通过政策组合和政策创新来进一步完善减排政策，实现减排目标的同时保障低收入居民的基本生活需求。

四、累进性减排工具

碳税和碳交易作为主要的碳定价方式，其作用对象既可以是企业，也可以是个人。碳定价政策可以应用于生产侧，对企业征收碳税或在企业间进行碳交易，也可以应用于消费侧，对居民征收碳税或进行个人碳交易。对生产企业征收碳税，企业可以通过提高产品价格来转移碳减排的成本，最终由消费者承担，使消费者面临统一的碳价格。对居民征收碳税，不同消费群体的消费结构和消费水平不同，其所面临的碳价格也不一样，超额的碳排放将面临更高的碳价格，这一方式有利于抑制奢侈性碳排放需求。对生产企业征收碳税，政策实施的成本相对较低，可以避免偷税漏税，但对居民征收碳税，有利于强化低碳消费的经济激励效果，更符合社会公平的目标。从社会福利的角度来看，对企业征收碳税和在企业间进行碳排放权交易有利于高收入群体提升福利水平，会损害低收入群体的利益，不利于社会福利最大化。个人的碳排放权交易具有明显的财富再分配效应，低收入群体的碳排放配额普遍存在剩余，其可以通过出售剩余的碳排放配额获取额外的收益，低收入群体的权益得到保障，社会资源在不同收入群体间进行重新分配，由高收入群体流向低收入群体，实现碳减排目标的同时改善了社会的收入分配格局。累进碳价格和累进碳税所得的收益可以用于对特殊人群的补贴，为低收入群体和弱势群体提供能效投资服务等，资源补偿机制可以帮助社会弱势群体获得发展所需的资金。因此，针对居民实施累进性碳减排政策有利于保障弱势群体的权益，实现碳消费公平。对消费碳排放的管制还能够扩大消费者对低碳产品的需求规模，倒逼企业进行低碳生产，促进低碳产业的发展。

在私人交通出行方面，碳税的适用性较好，对汽车燃料征收碳税不会对社会福利产生不利影响。对居民私人汽车的燃料征收碳税，对低收入群体的影响较小，因为低收入群体普遍选择公共交通工具出行。高收入群体对私家车出行具有一定的依赖性，燃料碳税的实施可以减少其相应的能源需求，高收入群体可以通过改变出行方式来应对。同时，征收的燃料碳税可以用于补贴消费者(退税)，或用于公共交通基础设施建设，投入绿色交通的改造中。征收的燃料碳税还可以用于低碳技术的开发，推动新型燃料和替代燃料的开发和利用，获得更高的能源利用效率。

第三节
福利最大化下的中国消费碳减排政策选择

一、居民对碳减排政策的偏好

对居民消费碳减排来说，虽然某些碳减排政策措施具有经济有效性，但由于居民消费的特点及居民消费的有限理性，消费者可能并没有选择这一经济有效的减排技术。产生这一结果的原因可能是多方面的：第一，消费者获取的能源信息并不充分，消费者对相关能效技术不了解，影响了消费者的合理选择。同时，高能效产品的价格普遍较高，这也在一定程度上限制了居民的选择。第二，居民对能效产品的认可度不高，企业为了提升自身收益，可能对提供的商品或服务的能效水平进行虚假宣传。同时，产品或服务的能效水平检测缺乏权威机构的验证，导致消费者难以辨别真伪。第三，缺乏有效的经济激励。居民的能效投资能够有效的实现减排，但节能改造的施工过程较复杂，给居民带来了诸多不便，而且其实施推广效果并不理想需要一定的资金支持。更主要的原因是居民并没有从节能减排中获益，导致消费者缺乏能效投资的动力。第四，消费者的异质性决定了居民对碳减排政策的需求存在差异。不同收入群体的收入水平、消费结构及消费模式各不相同，碳排放水平也存在较大差异，表现出的能源价格弹性水平也不同，对碳价格的敏感度不同，能效投资的能力也存在差异，因此应设计不同类型的碳减排政策，以满足不同收入群体的需求。第五，居民更加偏好自愿性减排措施及宣传教育活动，但此类政策措施的效果相对较弱，同时居民低碳消费习惯的形成是一个长期过程，单纯依靠自愿性、宣传性措施难以实现减排目标。

二、累进价格—阶梯定价

阶梯电价是指根据居民用电量的不同采取分阶段计费的方式，用电价格随用电量的增加呈阶梯状增加态势。阶梯定价将居民用电价格分为多个层级，层级越低对应的电价越低，不同的价格层级对应不同的用电量区间，用电量越少对应的价格层级越低。递增式阶梯定价被普遍应用到居民生活用电价格制定上，自来水、燃气定价也采用阶梯定价的方式。

从阶梯电价的政策实施目标来看，其主要目的是通过价格的差异化来满足居民的基本生活需要，保障居民获得基本能源服务的权利。电力属于准公共物品，居民的基本生存需求离不开对电力的消费，其通常被视作人的一项基本权利，因此很多国家对低收入群体采取生命线定价的方式来保证其基本生活用电需求。阶梯电价政策的实施同时实现了节能减排这一环境目标，对电力消耗较高的家庭收取相对较高的电价，面对较高的电力价格，消费者将采取措施减少电力消耗。从社会公平与效率角度来看，降低居民基本生活需要的电价水平，提升奢侈性需求的电价水平，有助于实现减排目标的同时提升社会福利水平。

在阶梯电价的实施过程中，要针对特殊的群体和家庭采取相应的保护措施，以保障他们的基本用电需求，从而降低其生活成本。美国对具有特殊健康要求的家庭，尤其是需要医疗设备来维持生命的家庭，增加基本用电量数额，以满足医疗设备的用电需求，同时不增加此类家庭的负担。韩国对老年人、多子女家庭采取用电补贴措施，给予一定的用电补贴，以降低此类家庭的用电成本。电价政策的制定要兼顾国家、供电企业和居民三方的利益，在不增加居民基本生活负担的基础上，拉大阶梯电价的差距，实现减排目标的同时增加社会收益。

目前，中国执行的阶梯电价方案第一档基本用电需求基数偏低，与高层电价的差距较小，不利于政策目标的实现。阶梯电价的政策收益多用于弥补垄断供电企业的生产成本，政策效果不理想，仍需不断完善。

三、累进碳税

累进碳税政策将碳税税率与居民的碳排放水平挂钩，根据居民碳排放量的不同，设定不同的碳税税率，不同层级的碳排放量对应不同的税率水平，随着碳排放量的增加，税率相应提高。碳税税率的设置要考虑居民的支付能力，低收入居民的碳排放水平较低，且支付能力较弱，高收入居民的碳排放水平较高，支付能力相对较强。从居民消费碳排放的边际效用来看，低收入群体单位碳排放的增加可以带来明显的福利改善，高收入群体单位碳排放的增加所带来的福利改善相对不明显，高收入居民的消费碳排放多为奢侈性需求，占用了较多的公共资源，累进碳税有利于遏制此类碳消费。面对累进碳税时，高收入居民可以选择维持现有的碳排放水平，缴纳较高的碳税，也可以选择改变能源消费结构，增加能效投资，减少碳税负担。

居民消费碳排放的基本需求如何确定决定了累进碳税实施的成败。居民消费碳排放同样遵循边际效用递减规律，随着碳排放水平的增加，每增加一单位碳排放为消费者带来的效用水平将越来越低。居民的基本需求应优先得到满足，其对应的碳排放需求也是居民生存发展的基本需要，此部分碳排放不应该列入碳税的征收范围，应该对居民基本需求的碳排放进行碳税豁免。居民的基本生活需求得到满足之后，居民可以追求更高品质的生活，这是社会进步的必然结果。与满足居民基本生活需要的能源需求不同，当居民收入水平较高时，其对能源、生活方式的选择有一定的空间，为了提升生活品质，居民可能需要更多的碳排放空间，也可以选择增加能效投资，践行低碳消费。消费者生活方式的选择，对碳排放空间的影响较大。可以针对此部分碳排放设置合理的碳税税率，激励消费者选择低碳的消费和生活方式，减少居民消费过程中的碳足迹。超过提升居民生活品质的能源需求部分引发的消费碳排放即为奢侈性碳排放，其对生活品质的提升作用不大。对于这部分碳排放，要设置更高的碳税税率，以消除碳排放产生的不利影响。

累进碳税税收机制设计如下：

$$T_i = \begin{bmatrix} 0，若 E_i < E_1 \\ t_1(E_i - E_1)，若 E_1 < E_i < E_2 \\ t_1(E_2 - E_1) + t_2(E_i - E_2)，若 E_i > E_2 \end{bmatrix}$$

式中，E_1 为基本生活需求的碳排放部分，若小于此值，居民消费碳排放部分不征收碳税；E_2 为碳排放的第二档基本需求，超过此部分需求的碳排放征收更高的碳税；t_1 为第一档碳税税率，t_2 为第二档碳税税率，$t_1 < t_2$；E_i 为居民实际碳排放量，T_i 为居民实际应缴纳的碳税水平。

在碳税的征收过程中，需要社会提供完善的居民碳排放检测与统计体系，从而有效地测算每个居民的碳排放水平，进而确定相应的税率。合理的碳税税率应该在保证经济可持续发展的基础上，既能保证弱势群体的基本生活权利得到保证，又能抑制高收入群体的奢侈性碳排放，体现出碳减排政策的公平性。同时，要协调好累进碳税政策与其他碳减排政策的关系，尤其是累进碳税与能源定价、资源税改革之间的关系，发挥碳减排政策的合力，实现碳减排目标。

四、个人碳排放权交易

相对于其他消费碳减排政策而言，个人碳排放权交易仍处于理论讨论和实验阶段。个人碳排放权交易缺乏政策实施所需的基础设施与完善的市场机制，没有成熟的实施方案，且相关政策的可操作性较差。因此，需要在现有的基础设施条件和政策环境下开发设计出简便、易行的个人碳排放权交易方案，将其作为其他消费碳减排政策的有益补充，并通过积极试点、自愿参与的方式积累个人碳排放权交易政策实施的经验。如果能够通过技术手段来实现居民个人碳配额的分配、交易与监管，那么可以极大地提高个人碳排放权交易的可行性。个人碳排放额的合理分配及碳交易的有效开展是个人碳排放权交易政策实施的关键。个人碳排放权交易的实施使个人的碳排放权益得以实现，每个人都享有一定的碳排放权益，并且可以对此项权益进行买卖交易。个人碳排放权益能否得到有效的保证将成为居民消费碳减排政策优劣的评判标准，好的碳减排政策应该能够对个人的碳排放权益进行保护，不能对个人碳排放权益进行保护的政策则为不好的碳减排政策。在个人碳排放权交易的实施过程中，直接进行个人碳排放权的界定与测算成本较高，且难以进行监督和实施，可以选择一定的技术手段，通过间接方式来量化个人碳排放权。个人碳排放权交易政策的实施难度虽然较大，但是从长期来看，具有良好的潜在收益空间。

五、能效政策

生活能源消费作为居民生活的基本必需品，其价格弹性相对较小，因此相对于其他政策，能效政策在居民部门的适用性较强，而且提高居民部门的能源利用效率能够带来较大的碳减排收益。碳税等政策的实施必将导致居民基本生活所需能源服务价格上涨，对居民的效用水平构成不利影响，尤其是低收入群体，如果没有配套的补偿计划，这会导致碳定价工具的累退性效果，进而造成社会福利的损失。居民可以通过增加能效投资水平来应对能源服务价格的上涨，但是居民能效投资行为受能效信息匮乏、消费者有限理性、交易成本较高及资本约束等方面的制约，没有达到社会最优水平，因此合理有效的能效政策的制定显得尤为重要。大多数经济合作与发展组织国家采用一系列政策，如信息计划、监管标准、碳标签、免税、补贴等政策，来克服居民能效投资过程中所遇到的非价格障碍，促进居民能效水平提升，增加居民消费碳减排收益。

能效政策的实施还有利于实现社会目标，欧盟一些国家利用能效政策来解决社会中存在的能源贫困问题。由于居民的收入水平存在差异，部分居民的能效水平相对较低，尤其是房屋居住的能效水平，这样导致部分家庭陷入能源贫困状态。政府以公共服务的形式为这些家庭提供能效投资改善服务项目，虽然此类能效投资项目的碳减排成效不明显，但极大地提升了能源贫困家庭的能源服务水平，减少了他们的基本生活支出，改善了他们的生活质量，提升了整个社会的福利水平。同时，部分欧盟国家还要求能源服务提供商承担提高能效水平的义务，规定能源服务企业将所得的部分利润用于居民能效改造项目，实现碳减排政策收益的合理分配。

第四节

本 章 小 结

碳减排政策的制定不仅要保证其实施的经济有效性，而且要考量政策产生的社会分配问题，以及其对居民消费格局和消费方式的影响。碳减排政策要在保障居民基本生活需要的基础上遏制居民能源消耗的奢侈浪费，在实现社会福利最大化的情况下维护居民的消费碳排放权，实现社会公平。以社会碳福利为导向，通过政策设计与政策组合来保障碳居民的碳排放权益。为实现碳减排政策的社会福利最大化，需要将平等纳入碳减排政策设计。不同的政策管制对象对政策效果的影响较大，以居民消费碳排放为管制对象，以企业为管制对象更利于实现减排目标，提升社会福利水平和实现社会公平。由于居民收入水平的差异，因此应按照"均等牺牲"原则收取累进碳价格，从而实现社会福利最大化。累进碳税的实施可以在有效维护低收入群体碳权益的基础上，缩小高收入群体的碳排放规模，实现后者对前者的变相补贴。碳减碳排政策的实施过程需要良好的基础设施和社会制度的支撑，因此，在制定碳减排政策的过程中，需对政策成本与政策可行性进行权衡，制定切实可行的居民消费碳减排政策。

参考文献

[1] Ala-Mantila S, Heinonen J, Clarke J, et al. Consumption-Based View on National and Regional Per Capita Carbon Footprint Trajectories and Planetary Pressures-Adjusted Human Development[J]. Environmental Research Letters, 2023, 18: 024035.

[2] Baiocchi G, Minx J, Hubacek K. The Impact of Social Factors and Consumer Behavior on Carbon Dioxide Emissions in the United Kingdom[J]. Journal of Industrial Ecology, 2010, 14: 50-72.

[3] Baiocchi G, Minx J. Understanding Changes in the UK's CO_2 Emissions: A Global Perspective[J]. Environmental Science and Technology, 2010, 44: 1177-1184.

[4] Barrett S. Proposal for A New Climate Change Treaty System[J]. The Economists' Voice, 2007, 4: 1-13.

[5] Basheer M, Nechifor V, Calzadilla A, et al. Balancing National Economic Policy Outcomes for Sustainable Development[J]. Nature Communications, 2022, 13: 5041.

[6] Benders R M J, Moll H C, Nijdam D S. From Energy to Environmental Analysis[J]. Journal of Industrial Ecology, 2012, 16: 163-175.

[7] Bin S, Dowlatabadi H. Consumer Lifestyle Approach to US Energy Use and the Related CO_2 Emissions[J]. Energy Policy, 2005, 33: 197-208.

[8] Bristow A L, Wardman M, Zanni A M, et al. Public Acceptability of Personal Carbon Trading and Carbon Tax[J]. Ecological Economics, 2010, 69: 1824-1837.

[9] Buchs M, Schnepf S. Who emits most? Associationsbetween Socio-

Economic Factors and UK Households' Home Energy, Transport, Indirect and Total CO_2 Emissions[J]. Ecological Economics, 2013, 90: 114-123.

[10]Burgess A A, Brennan D J. Application of Life Cycle Assessment to Chemical Processes [J]. Chemical Engineering Science, 2001, 56: 2589 - 2604.

[11] Caeiro S, Ramos T B, Huisingh D. Procedures and Criteria to Develop and Evaluate Household Sustainable Consumption Indicators [J]. Journal of Cleaner Production, 2012, 27: 72-91.

[12] Chang Y F, Lin S J. Structural Decomposition of Industrial CO_2 Emission in Taiwan: An input-output Approach[J]. Energy Policy, 1998, 26: 5-12.

[13]Copeland B R, Taylor M S. Trade and the Environment: Theory and Evidence[M]. Princeton: Princeton University Press, 2004.

[14] Dalton M, O' Neill B, Prskawetz A, et al. Population Aging and Future Carbon Emissions in the United States[J]. Energy Economics, 2008, 30: 642-675.

[15]Daly H E, Farley J. Ecological Economics: Principles and Applications[M]. Washington: Island Press, 2004.

[16] DEFRA, AFramework for Pro - Environmental EnaViors Department for Environment, Food and Rural Affairs. London. 2008d.

[17] Druckman A, Buck I, Hayward B, et al. Time, Gender and Carbon: A Study of the Carbon Implications of British Adults' Use of Time [J]. Ecological Economics, 2012, 84: 153-163.

[18] Druckman A, Jackson T. Understanding Households as Drivers of Carbon Emissions[J]. Springer International Publishing, 2016.

[19]Druckman A, Jackson T. An Exploration Into the Carbon Footprint of UK Households[R]. Guildford: University of Surrey, 2010.

[20]Druckman A, Jackson T. The Carbon Footprint of UK Households 1990-

2004: A Socio-Economically Disaggregated, Quasi-Multi-Regional Input-Output Model[J]. Ecological Economics, 2009, 68: 2066-2077.

[21]Duchin F. Structural Economics: Measuring Changes in Technology, Lifestyles and the Environment[J]. Washington D. C. : Island Press, 1998.

[22]Egger G. Dousing Our Inflammatory Environment(s): Is Personal Carbon Trading an Option for Reducing Obesity and Climate Change? [J]. Obesity Reviews, 2008, 9: 456-463.

[23]Ehrlich P R, Holdren J P. Impact of Population Growth[J]. Science, 1971, 171: 1212-1217.

[24]Fan J L, Tang B J, Yu H, et al. Impact of Climatic Factors on Monthly Electricity Consumption of China's sectors[J]. Natural Hazards, 2015, 75: 2027-2037.

[25]Fawcett T. Carbon Rationing and Personal Energy Use[J]. Energy and Environment, 2004, 15: 1067-1083.

[26]Feng Z H, Zou L L, Wei Y M. The Impact of Household Consumption on Energy Use and CO_2 Emissions in China[J]. Energy, 2011, 36: 656-670.

[27]Fischer C, Newell R G. Environmental and Technology Policies for Climate Mitigation[J]. Journal of Environmental Economics and Management, 2008, 55: 142-162.

[28]Fleming D. Energy and the Common Purpose Descending the Energy Staircase with Tradable Energy Quotas (TEQs)[M]. London: The Lean Economy Connection, 2007.

[29]Fleming D. Stopping the Traffic [J]. Country Life, 1996, 140: 62-65.

[30]Gillingham K, Harding M, Rapson D. Split Incentives in Household Energy Consumption[J]. The Energy Journal, 2012, 33: 37-62.

[31]Gough I. Carbon Mitigation Policies, Distributional Dilemmas and Social Policies[J]. Journal of Social Policy, 2013, 42: 191-213.

[32]Grossman G M, Krueger A B. Environmental Impacts of a North

American Free Trade Agreement［Z］. NBER, Cambridge MA, 1991.

［33］Guan D, Hubacek K, Weber C L, et al. The Drivers of Chinese CO_2, Emissions from 1980 to 2030［J］. Global Environmental Change, 2008, 18：626-634.

［34］Guzman L I, Clapp A. Applying Personal Carbon Trading：A Proposed 'Carbon, Health and Savings System' for British, Columbia, Canada［J］. Climate Policy, 2017, 17：616-633.

［35］Hendry A, Webb G, Wilson A, et al. Influences on Intentions to Use A Personal Carbon Trading System（NICHE：The Norfolk Island Carbon Health Evaluation Project）［J］. The International Technology Management Review, 2015, 5：105-116.

［36］Hertwich E G, Peters G P. Carbon Footprint of Nations：A Global, Trade-Linked Analysis［J］. Environmental Science and Technology, 2009, 43：6414-6420.

［37］Hillman M, Fawcett T, Rajan S C. How We Can Save the Planet：Preventing Global Climate Catastrophe［M］. London：Macmillan, 2008.

［38］Hoekstra R, van den Bergh JCJM. Comparing Structural and Index Decomposition Analysis［J］. Energy Economics, 2003, 29：609-635.

［39］Hong S H, Oreszcyn T, Ridley I. The Impact of Energy Efficientre Furbishment on the Space Heating Fuel Consumption in English dwellings［J］. Energy and Buildings, 2006, 38：1171-1181.

［40］Howell R A. Living with a Carbon Allowance：the Experiences of Carbon Rationing Action Group and Implications for Policy［J］. Energy Policy, 2012, 41：250-258.

［41］Hubacek K, Chen X, Feng K, et al. Evidence of Decoupling Consumption-Based CO_2 Emissions from Economic Growth［J］. Advances in Applied Energy, 2021, 4：100074.

［42］IEA. World Energy Outlook 2010［M］. Paris：IEA, 2010.

［43］IPCC. Climate Change 2013：The Physical Science Basis［R］. Cambridge：Cambridge University，2013.

［44］IPCC. IPCC Guidelines for National Greenhouse Gas Inventories［Z］. Hayama：Institute for Global Environmental Strategies，2006.

［45］Irfany M I，Klasen S. Affluence and Emission Tradeoffs：Evidence from Indonesian Households' Carbon Footprint［J］. Environment and Development Economics，2017，22：546-570.

［46］Isard W. Interregional and Regional Input-Output Analysis：A Model of a Space-Economy ［J］. Reviews of Economics and Statistics，1951，33：381.

［47］Janssen M，Jager W. Stimulating Diffusion of Green Products：Coe-volution between Firms and Consumers［J］. Journal of Evolutionary Economics，2002，12：283-306.

［48］John A，Pecchenino R. An Overlapping Generations Model of Growth and the Environment［J］. The Economic Journal，1994，104：1393-1410.

［49］John C. Harsanyi. Cardinal Welfare，individualistic ethics，and inter-personal comparisons of utility［J］. Journal of Political Economy，1955，Vol. 63（4）：309-321.

［50］Jones C M，Kammen D M. Quantifying Carbon Footprint Reduction Opportunities for US Households and Communities［J］. Environmental Science and Technology，2011，45：4088-4095.

［51］Karim U M. Energy at the Crossroads：Global Perspectives and Uncertainties［J］. Electronic Green Journal，2005，1(21).

［52］Kees V，Blok K. Long-term trends in Direct and Indirect Household Energy Intensities：A Factor in Dematerialisation［J］. Energy Policy，2000，28：713-727.

［53］Kennedy E H，Krahn H，Krogman N T. Egregious Emitters：Dispro-portionality in Household Carbon Footprints［J］. Environment and Behavior，2013，

46: 535-555.

[54] Kenny T, Gray N F. Comparative Performance of Six Carbon Footprint Models for Use in Ireland[J]. Environmental Impact Assessment Review, 2009, 29: 1-6.

[55] Kerkhof A C, Nonhebel S, Moll H C. Relating the Environmental Impact of Consumption to Household Expenditures: An Input-Output Analysis [J]. Ecological Economics. 2009, 68: 1160-1170.

[56] Kok R, Benders R M J, Moll H C. Measuring the Environmental Load of Household Consumption Using Some Methods Based on Input-Output Energy Analysis: A Comparison of Methods and a Discussion of Results[J]. Energy Policy, 2006, 34: 2744-2761.

[57] Kumbaroglu G S. Environmental Taxation and Economic Effects: A Computable General Equilibrium Analysis for Turkey [J]. Journal of Policy Modeling, 2003, 25: 795-810.

[58] Kuznets S. Economic Growth and Income Inequality[J]. The American Economic Review, 1955, 45: 1-28.

[59] Lawrance E C. Poverty and the Rate of Time Preference: Evidence from Panel Data[J]. Journal of Political Economy, 1991, 99: 54-77.

[60] Lenzen M, Wier M, Cohen C, et al. A Comparative Multivariate Analysis of Household Energy Requirements in Australia, Brazil, Denmark, India and Japan[J]. Energy, 2006, 31: 181-207.

[61] Lenzen M. Primary Energy and Green House Gases Embodied in Australian Final Consumption: An Input-Output Analysis[J]. Energy Policy, 1998, 26: 495-506.

[62] Lin X, Polenske K R. Input-Output Anatomy of China's Energy Use Changes in the 1980s. Economic Systems Research[J], 1995, 7: 67-84.

[63] Liu L C, Wu G, Wang J N, et al. China's Carbon Emissions from Urban and Rural Households During 1992-2007[J]. Journal of Cleaner Produc-

tion, 2011, 19: 1754-1762.

[64]Liu L N, Qu J S, Zhang Z Q, et al. Assessment and Determinants of Per Capita Household CO_2 Emissions (PHCEs) Based on Capital City Level in China[J]. Journal of Geographical Sciences, 2017, 28: 1467-1484.

[65]Liu Y, Du J, Wang Y, et al. Overlooked Uneven Progress Across Sustainable Development Goals at the Global Scale: Challenges and Opportunities[J]. The Innovation, 2024, 5: 100573.

[66]Madlener R, Alcott B. Energy Rebound and Economic Growth: A Review of the Main Issues and Research Needs[J]. Energy, 2009, 34: 370-376.

[67]McCollum D L, Krey V, Riahi K. An Integrated Approach to Energy Sustainability[J]. Nature Climate Change, 2011, 1: 428-429.

[68]Merer N I. Making It Personal: Per Capita Carbon Allowances[M]// Sioshansi F P. Generating Electricity in a Carbon-Constrained World. London: Elsevier Inc., 2010.

[69] Moisander J. Motivational Complexity of Green Consumerism[J]. International Journal of Consumer Studies, 2007, 31: 404-409.

[70]Mukhopadhyay K, Chakraborty D. India's Energy Consumption Changes During 1973/74 to 1991/92[J]. Economic Systems Research. 1999(11): 423-438.

[71]Niemeier D, Gould G, Karner A, et al. Rethinking Downstream Regulation: California's Opportunity to Engagehouseholds in Reducing Greenhouse Gases [J]. Energy Policy, 2008, 36(9): 3436-3447.

[72]OECD. Climate Change 2013: Cost of Air Pollution: Impact of Road Traffic on Health. Leipzig, Germany, 2014.

[73]OECD. Towards Sustainable Household Consumption? Trends and Policies in OECD Countries[M]. Paris: OECD Publishtiug. 2002.

[74]Pachauri S, Spreng D. Direct and Indirect Energy Requirements of Households in India[J]. Energy Policy, 2002, 30: 511-523.

[75] Padgett J P, Sterinemann A C, Clarke J H, et al. A Comparison of Carbon Calculators[J]. Environmental Impact Assessment Review, 2008, 28: 106-115.

[76] Panayotou T. Empirical Tests and Policy Analysis of Environmental Degradation at Different Stages of Economic Development [Z]. International Labour Office Ceneva, 1993.

[77] Parag Y, Fawcett T. Personal Carbon Trading: A Review of Research Evidence and Real-World Experience of A Radical idea[J]. Energy and Emission Control Technologies, 2014(2): 23-32.

[78] Parage Y., Capstick S. Policy Attribute Framing: A Comparison between Three Policy Instruments for Personal Emissions Reduction[J]. Journal of Policy Analysis and Management. 2011, 30(4): 889-905.

[79] Park H C, Heo E, The Direct and Indirect Household Energy Requirements in the Republic of Korea from 1980 to 2000 An Input-Output Analysis [J]. Energy Policy, 2007, 35: 2839-2851.

[80] Paul A. Samuelson. The Pure Theory of Public Expenditure[J]. The Review of Economics and Statistics, 1954, 36: 387-389.

[81] Qu J S, Maraseni T, Liu L N, et al. A Comparison of Household Carbon Emission Patterns of Urban and Rural China over the 17 Year Period (1995-2011)[J]. Energies, 2015, 8: 10537-10557.

[82] Reinders A, Vringer K, Blok K. The Direct and Indirect Requirement of Households in the European Union[J]. Energy Policy, 2003, 31: 139-153.

[83] Reinders AHME, Vringer K, Blok K. The Direct and Indirect Energy Requirements of Households in the European Union[J]. Energy Policy, 2003, 31: 139-153.

[84] Rosas J, Sheinbaum C. Morillon D. The structure of Household Energy Consumption and Related CO_2 Emissions by Income Group in Mexico[J]. Energy for Sustainable Development, 2010, 14(2): 127-133.

［85］Ryan L, Moarif S, Lecina E, et al. Energy Efficiency Policy and Carbon Pricing［J］. Energy Efficiency Working Party Internatonal Energy Agency, 2011: 12-16.

［86］R·科斯，A·阿文钦，D·诺斯，等. 财产权利与制度变迁——产权学派与新制度学派译文集［M］. 刘守英，等译. 上海：上海人民出版社，1994.

［87］Sagar A D. Alleviating Energy Poverty for the World's Poor［J］. Energy Policy, 2004, 33: 1367-1372.

［88］Schipper L, Bartlett S, Hawk D, et al. Linking Life-Styles and Energy Use: a matter of Time ［J］. Environment and Resources, 2003, 14: 273-320.

［89］Schipper L, Ting M, Khrushch M, et al. The Evolution of Carbon Dioxide Emissions from Energy Use in Industrialized Countries: An End-Use Analysis［J］. Energy Policy, 1996, 25: 651-672.

［90］Seriño M N V. Is Decoupling Possible? Association between Affluence and Household Carbon Emissions in the Philippines［J］. Asian Economic Journal, 2017, 31: 165-185.

［91］Shafik N, Bandyopadhyay S. Economic Growth and Environmental Quality: Time-Series and Cross-country Evidence［Z］. World Bank, 1992.

［92］Shimoda Y, Yamaguchi Y, Okamura T, et al. Prediction of Greenhouse Gas Reduction Potential in Japanese Residential Sector by Residential Energy End-Use Model［J］. Applied Energy, 2010, 87: 1944-1952.

［93］Shrestha R M, Marpaung C P. Supply and Demand-Side Effects of Carbon Tax in the Indonesian Power Sector: An Integrated Resource Planning Analysis［J］. Energy Policy, 1999, 27: 185-194.

［94］Society for Environmental Toxicology and Chemistry: (SETAC). Guidelines for Life-Cycle Assessment: A Code of Practice［Z］. Brussels, 1993.

［95］Stern N. The Economics of climate change［J］. American Economic Review, 2008, 98: 2-37.

［96］Svirejeva－Hopkinsa A, Schellnhuber H J. Urban Expansion and Its Contribution to the Regional Carbon Emissions: Using the Model Based on the Population Density Distibution［J］. Ecological Modelling, 2008, 216: 208－216.

［97］Taylor L. Fuel Poverty from Cold Homes to Affordable Warmth［J］. Energy Policy, 1993, 21: 1071-1072.

［98］Telli C, Voyvoda E, Yeldan E. Economics of Environmental Policy in Turkey: A General Equilibrium Investigation of the Economic Evaluation of Sectoral Emission Reduction Policies for Climate Change［J］. Journal of Policy Modeling, 2008, 30: 321-340.

［99］The Committee on Climate Change. Reducing the UK′s carbon footprint and managing competitiveness risks［R］. London: The Committee on Climate Change, 2013.

［100］The Royal Society. People and the Planet: the Royal Society Science Policy Centre Report［R］. 2012.

［101］The World Commission on Environmentand Development. Our Common Future［R］. UK: O. U. Press, 1987.

［102］Tukker A, Cohen M J, Hubacek K, et al. The Impacts of Household Consumption and Options for Change［J］. Journal of Industrial Ecology, 2010, 14: 13-30.

［103］Vringer K, Blok K. The Direct and Indirect Energy Requirements of Households in the Netherlands［J］. Energy Policy, 1995, 23: 893-910.

［104］Walters BNJ, Egger G. Personal Carbon Trading: A Potential Stealth Intervention for Obesity Reduction? ［J］. Medical Journal of Australia, 2007, 187: 668.

［105］Wang Y, Liu Y, Luo Y, et al. Research on the Relative Threshold of Sustainable Development of the Complex System in the Yellow River Basin［J］. Journal of Cleaner Production, 2024, 472: 143448.

[106] Webb G, Hendry A, Armstrong B, et al. Exploring the Effects of Personal Carbon Trading (PCT) system on Carbon Emission and Health Issues: A Preliminary Study on the Norfolk Island [J]. The International Technology Management Review, 2014, 4: 1-11.

[107] Weber C L, Matthews H S. Quantifying the Global and Distributional Aspects of American Household Carbon Footprint [J]. Ecological Economics, 2008, 66: 379-391.

[108] Weber C, Perrels A. Modeling Lifestyle Effects on Energy Demand and Related Emissions[J]. Energy Policy, 2000, 28: 549-566.

[109] Weber C, Perrels A. Modelling Lifestyle Effects on Energy Demand and Related Emissions: An Empirical Analysis of China's Residents[J]. Energy Poficy, 2000, 28: 549-566.

[110] Wei Y M, Liu L C, Fan Y, et al. The Impact of Lifestyle on Energy Use and CO_2 Emission: An Empirical Analysis of China's Households [J]. Energy Policy, 2007, 35: 247-257.

[111] Wiloson J, Tyemers P, Spinney J E L. An Exploration of the Relationship Between Socioeconomic and Well-Being Variables and Household Greenhouse Gas Emissions[J]. Journal of Industrial Ecology, 2013, 17: 880-891.

[112] Winkler H. Reducing Energy Poverty through Carbon Tax Revenues in South Africa[J]. Journal of Energy in Southern Africa, 2017, 28: 12-26.

[113] Xiao H J, Bao S, Ren J Z, et al. Global Transboundary Synergies and Trade-Offs Among Sustainable Development Goals from an Integrated Sustainability Perspective[J]. Nature Communications, 2024, 15: 500.

[114] Xu X, Huo H, Liu J, et al. Patterns of CO_2 Emissions in 18 Central Chinese Cities from 2000 to 2014[J]. Journal of Cleaner Production, 2018, (17) 2: 529-540.

[115] Xu Z, Li Y, Chau S N, et al. Impacts of International Trade on Global Sustainable Development [J]. Nature Sustainability, 2020, 3: 964 -

971.

[116] Yu F, Dong H J, Geng Y, et al. Uncovering the Differences of Household Carbon Footprints and Driving Forces between China and Japan[J]. Energy Policy, 2022, 165: 112990.

[117] Yuan J H, Xu Y, Hu Z, et al. Peak Energy Consumption and CO_2 Emissions in China [J]. Energy Policy, 2014, 68: 508-523.

[118] Zhang T, Mi H. Factors Influencing CO_2 Emissions: A Framework of Two-Level LMDI Decomposition Method[J]. RISTI-Revista Iberica de Sistemas a Tecnologias de Informacao, 2016, E10: 261-272.

[119] Zhang Z X, Baranzini A. What Do We Know about Carbon Taxes? A Inquiry into Their Impacts on Competitiveness and Distribution of Income[J]. Energy Policy, 2004, 32: 507-518.

[120] Zuindeau B. Spatial Approach to Sustainable Development: Challenges of Equity and Efficacy[J]. Regional Studies, 2006, 40: 459-470.

[121] 阿兰·斯密德. 制度与行为经济学[M]. 刘璨, 吴水荣, 译. 北京: 中国人民大学出版社, 2004.

[122] 安格斯·迪顿, 约翰·米尔鲍尔. 经济学与消费者行为[M]. 龚志民, 宋旺, 解烜, 等译. 北京: 中国人民大学出版社, 2005.

[123] 安格斯·迪顿. 理解消费[M]. 胡景北, 鲁昌, 译. 上海: 上海财经大学出版社, 2003.

[124] 鲍莫尔. 福利经济及国家理论[M]. 郭家麟, 郑孝齐, 译. 北京: 商务印书馆, 1982.

[125] 庇古. 福利经济学[M]. 金镝, 译. 北京: 华夏出版社, 2017.

[126] 陈红敏. 个人碳排放交易研究进展与展望[J]. 中国人口·资源与环境, 2014(9): 30-36.

[127] 陈加友, 李鲜. 中国城乡居民碳排放的动态分解与效率评价研究[J]. 东岳论丛, 2023(7): 138-149.

[128] 陈楠, 庄贵阳. 中国区域碳达峰关键路径研究——以环渤海 C

型区域为例[J].中国地质大学学报(社会科学版),2023(3):81-95.

[129]陈诗一.中国各地区低碳经济转型进程评估[J].经济研究,2012(8):32-44.

[130]陈晓春,谭娟,陈文婕.论低碳消费方式[N].人民日报,2009-04-21.

[131]崔盼盼,赵媛,张丽君,等.基于不同需求层次的中国城镇居民消费隐含碳排放时空演变机制[J].生态学报,2020(4):1424-1435.

[132]道格拉斯·C·诺思.经济史中的结构与变迁[M].陈郁,罗华平,等译.上海:上海三联书店,上海人民出版社,1994.

[133]德尔·I.霍金斯,戴维·L.马瑟斯博,罗杰·J.贝斯特.消费者行为学[M].符国群,等译.北京:机械工业出版社,2007.

[134]樊纲,苏铭,曹静.最终消费与碳减排责任的经济学分析[J].经济研究,2010(1):4-14,64.

[135]范进.基于个人碳交易行为模型的电力消费选择研究[D].合肥:中国科学技术大学,2012.

[136]范玲,汪东.我国居民间接能源消费碳排放的测算及分解分析[J].生态经济,2014(7):28-32.

[137]范庆泉,周县华,张同斌.动态环境税外部性、污染累积路径与长期经济增长——兼论环境税的开征时点选择问题[J].经济研究,2016(8):116-128.

[138]冯周卓,袁宝龙.城市生活方式低碳化的困境与政策引导[J].上海城市管理,2010(3):4-8.

[139]付伟,李龙,武璐,等.家庭消费碳排放研究进展与展望——基于CiteSpace的知识图谱分析[J].生态经济,2024(6):208-217.

[140]傅伯杰.联合国可持续发展目标与地理科学的历史任务[J].科技导报,2020(13):19-24.

[141]高宏霞,杨林,付海东.中国各省经济增长与环境污染关系的研究与预测——基于环境库兹涅茨曲线的实证分析[J].经济学动态,2012(1):

52-57.

[142]谷蕾，马建华，王广华．河南省 1985—2006 年环境库兹涅茨曲线特征分析[J]．地域研究与开发，2008(4)：113-116，124.

[143]郭高晶．地方政府环境政策对区域生态效率的影响研究[D]．上海：华东师范大学，2019.

[144]郭蕾，赵益民．需求层次差异下城镇居民消费碳排放影响因素研究——来自华北地区的证据[J]．城市发展研究，2022(4)：110-117.

[145]郭淑娟．城市居民低碳消费的产业结构优化效应——基于空间杜宾模型的实证[J]．重庆科技学院学报(社会科学版)，2022(5)：45-53.

[146]汉斯·范登·德尔，本·范·韦尔瑟芬．民主与福利经济学[M]．陈刚，沈华珊，吴志明，等译．北京：中国社会科学出版社，1999.

[147]胡鞍钢，管清友．中国应对全球气候变化的四大可行性[J]．清华大学学报(哲学社会科学版)，2008(6)：120-132，158.

[148]胡振，龚薛，刘华．基于 BP 模型的西部城市家庭消费碳排放预测研究——以西安市为例[J]．干旱区资源与环境，2020(7)：82-89.

[149]黄少安，韦倩．利他经济学研究评述[J]．经济学动态，2008(4)：98-102.

[150]黄有光．福祉经济学：一个趋于更全面分析的尝试[M]．大连：东北财经大学出版社，2005.

[151]加里·S·贝克尔．人类行为的经济分析[M]．王业宇，陈琪，译．上海：格致出版社，上海三联书店，上海人民出版社，2015.

[152]江恩慧，屈博，王远见，等．基于流域系统科学的黄河下游河道系统治理研究[J]．华北水利水电大学学报(自然科学版)，2021(4)：7-15.

[153]经济合作与发展组织．税收与环境：互补性政策[M]．刘山岭，刘亚明，译．北京：中国环境科学出版社，1996.

[154]黎建新．消费的外部性分析[J]．消费经济，2001(5)：54-56.

[155]李洁玉，李航，王远见，等．黄河水沙调控多目标协同模型构建及应用[J]．水科学进展，2023 (5)：708-718.

［156］李克国．低碳经济概论［M］．北京：中国环境科学出版社，2011.

［157］李名威，朱晓敏，郭丽华．河北省新型农业经营主体玉米种植要素投入及产出效益比较研究［J］．粮食科技与经济，2019（9）：28-31.

［158］李艳梅．城市化对家庭能源消费和碳排放的影响机制［M］．北京：科学出版社，2016.

［159］刘长松．家庭碳排放与减排政策研究［M］．北京：社会科学文献出版社，2015。

［160］刘朝，周宵宵，张欢，等．中国居民能源消费间接回弹效应测算：基于投入产出和再分配模型的研究［J］．中国软科学，2018（10）：142-157.

［161］刘丹丹，张燕娟．能源转型对浙江省碳达峰拐点影响的实证模拟［J］．资源科学，2024（9）：1699-1708.

［162］刘婧．美国CAFÉ新标准公布，首次限制汽车碳排放［N］．中国汽车报，2010-04-21.

［163］刘莉娜，曲建升，黄雨生，等．中国居民生活碳排放的区域差异及影响因素分析［J］．自然资源学报，2016（8）：1364-1377.

［164］刘云鹏，王泳璇，王帆，等．居民生活消费碳排放影响分析与动态模拟预测［J］．生态经济，2017，33（6）：19-22.

［165］刘自敏，邓明艳，朱朋虎，等．个人碳交易机制可以改善家庭能源贫困吗？——兼论我国个人碳交易市场的核心参数设计［J］．统计研究，2022（3）：117-131.

［166］罗伯特·D·考特，托马斯·S·尤伦．法和经济学［M］．施少华，姜建强，等译．上海：上海财经大学出版社，2002.

［167］马晓微，陈丹妮，兰静可，等．收入差距与居民消费碳排放关系［J］．北京理工大学学报（社会科学版），2019（6）：1-9.

［168］尼古拉斯·巴尔，大卫·怀恩斯．福利经济学前沿问题［M］．贺晓波，王艺，译．北京：中国税务出版社，北京腾图电子出版社，2000.

[169]尼古拉斯·斯特恩. 地球安全愿景：治理气候变化创造繁荣进步新时代[M]. 武锡中，译. 北京：社会科学文献出版社，2011.

[170]牛文元. 可持续发展理论的内涵认知-纪念联合国里约环发大会20周年[J]. 中国人口·资源与环境，2012(5)：9-13.

[171]潘家华，郑艳. 基于人际公平的碳排放概念及其理论含义[J]. 世界经济与政治，2009(10)：6-16.

[172]潘家华，郑艳. 碳排放与发展权益[J]. 世界环境，2008(4)：58-63.

[173]潘家华，朱仙丽. 人文发展的基本需要分析及其在国际气候制度设计中的应用——以中国能源与碳排放需要为例[J]. 中国人口资源与环境，2006(6)：23-30.

[174]潘家华. 人文发展分析的概念构架与经验数据-以对碳排放空间的需求为例[J]. 中国社会科学，2002(6)：15-24.

[175]彭保发，谭琦，鞠晓生. 诺贝尔经济学奖得主对气候变化经济学的贡献[J]. 经济学动态，2015(12)：141-151.

[176]彭璐璐，李楠，郑智远，等. 中国居民消费碳排放影响因素的时空异质性[J]. 中国环境科学，2021(1)：463-472.

[177]彭水军，张文城，孙传旺. 中国生产侧和消费侧碳排放量测算及影响因素研究[J]. 经济研究，2015(1)：168-182.

[178]彭水军，张文城，卫瑞. 碳排放的国家责任核算方案[J]. 经济研究，2016(3)：137-150.

[179]彭水军，张文城. 中国居民消费的碳排放趋势及其影响因素的经验分析[J]. 世界经济，2013(3)：124-142.

[180]彭希哲，钱焱. 试论消费压力人口与可持续发展——人口学研究新概念与方法的尝试[J]. 中国人口科学，2001(5)：1-9.

[181]彭希哲，朱勤. 中国人口态势与消费模式对碳排放的影响分析[J]. 人口研究，2010(1)：48-58.

[182]祁毓，卢洪友，杜亦譞. 环境健康经济学研究进展[J]. 经济学

动态，2014(3)：124-137.

[183]钱易，唐孝炎．环境保护与可持续发展[M]．北京：高等教育出版社，2000.

[184]曲建升，刘莉娜，曾静静，等．中国城乡居民生活碳排放驱动因素分析[J]．中国人口·资源与环境，2014(8)：33-41.

[185]曲建升，刘莉娜，曾静静，等．中国居民生活碳排放增长路径研究[J]．资源科学，2017(12)：2389-2398.

[186]曲建升，王琴，曾静静，等．中国西北寒旱区农牧民生活碳排放评估[J]．中国人口·资源与环境，2012(4)：90-95.

[187]曲越，秦晓钰，汪惠青，等．中国"碳中和"的城市协同路径研究——基于"碳达峰"异质性的门限模型[J]．中国地质大学学报(社会科学版)，2022(4)：50-63.

[188]曲振涛，杨恺钧．规制经济学[M]．上海：复旦大学出版社，2006.

[189]曲振涛．论法经济学的发展、逻辑基础及其基本理论[J]．经济研究，2005(9)：113-121.

[190]渠慎宁，郭朝先．基于 STIRPAT 模型的中国碳排放峰值预测研究[J]．中国人口·资源与环境，2010(12)：10-15.

[191]孙振清．峰值目标下中国低碳发展路径选择研究-以天津为例[M]．北京：人民出版社，2016.

[192]田学斌，王冬．数字普惠金融如何影响城镇居民消费碳排放[J]．浙江工商大学学报，2024(3)：128-140.

[193]田泽，马海良．低碳经济理论与中国实现路径研究[M]．北京：科学出版社，2015.

[194]涂正革，谌仁俊．排污权交易机制在中国能否实现波特效应？[J]．经济研究，2015(7)：160-173.

[195]托马斯·思德纳．环境与自然资源管理的政策工具[M]．张蔚文，黄祖辉，译．上海：上海三联书店，上海人民出版社，2005.

[196]汪臻，赵定涛，余文涛．中国居民消费嵌入式碳排放增长的驱动因素研究[J]．中国科技论坛，2012(7)：56-62.

[197]王灿，陈吉宁，邹骥．基于CGE模型的CO_2减排对中国经济的影响[J]．清华大学学报(自然科学版)，2005(12)：1621-1624.

[198]王长波，胡志伟，周德群．中国居民消费间接CO_2排放核算及其关键减排路径[J]．北京理工大学学报(社会科学版)，2022(3)：15-27.

[199]王会娟，夏炎．中国居民消费碳排放的影响因素及发展路径分析[J]．中国管理科学，2017(8)：1-10.

[200]王金南．排污收费理论学[M]．北京：中国环境出版社，1997.

[201]王莉，曲建升，刘莉娜，等.1995-2011年中国城乡居民家庭碳排放的分析与比较[J]．干旱区资源与环境，2015(5)：7-11.

[202]王宁，罗君丽．论科斯经济学[J]．经济学动态，2014(1)：98-119.

[203]王宪恩，王泳璇，段海燕．区域能源消费碳排放峰值预测及可控性研究[J]．中国人口．资源与环境，2014(8)：9-16.

[204]王小鲁，樊纲．中国收入差距的走势和影响因素[J]．经济研究，2005(10)：24-36.

[205]王瑶."科斯灯塔"私人供给之谜的重新解读[J]．经济学动态，2014(8)：117-125.

[206]魏一鸣，刘兰翠，廖华，等．中国碳排放与低碳发展[M]．北京：科学出版社，2017.

[207]吴文恒，牛叔文．人口数量与消费水平对资源环境的影响研究[J]．中国人口科学，2009(2)：66-73，112.

[208]徐新华，吴忠标，陈红．环境保护与可持续发展[M]．北京：化学工业出版社，2000.

[209]许光清，张文丹，刘海博．中国居民能源消费的间接回弹效应分析及双碳目标下的政策启示[J]．自然资源学报，2023(3)：658-674.

[210]杨开忠．中国的生态文明建设之路[M]．北京：中国社会科学院

出版社，2022.

[211]于淑波，巩鲁宁．基于外部性理论框架下的城镇居民消费污染探析[J]．宏观经济研究，2015(3)：134-142.

[212]俞海山，周亚越．消费外部性：一项探索性的系统研究[M]．北京：经济科学出版社，2005.

[213]俞海山．低碳消费论[M]．中国环境出版社，2015.

[214]俞可平．中国离"善治"有多远——"治理与善治"学术笔谈．[J]．中国行政管理，2001(9)：15-21.

[215]岳瑜素，王宏伟，江恩慧，等．滩区自然-经济-社会协同的可持续发展模式[J]．水利学报，2020(9)：1131-1137，1148.

[216]曾凡银．中国节能减排政策：理论框架与实践分析[J]．财贸经济，2010(7)：110-115.

[217]曾静静，曲建升，裴慧娟，等．国际气候变化会议回顾与近期热点问题分析[J]．地理科学进展，2015(11)：1210-1217.

[218]张成，陆旸，郭路，等．环境规制强度和生产技术进步[J]．经济研究，2011(2)：113-124.

[219]张红凤，周峰，杨慧，等．环境保护与经济发展双赢的规制绩效实证分析[J]．经济研究，2009(3)：14-26，67.

[220]张克中，王娟，崔小勇．财政分权与环境污染：碳排放的视角[J]．中国工业经济，2011(10)：65-75.

[221]张生玲，周晔馨．资源环境问题的实验经济学研究评述[J]．经济学动态，2012(9)：128-136.

[222]张鑫，王向前，耿杰．中国工业生产效率评价及影响因素研究[J]．湖南工业大学学报，2022(3)：70-76.

[223]张友国．农民消费的碳排放影响——基于与城市居民的差异比较分析[J]．//张晓．中国环境与发展评论(第五卷)：中国农村生态环境安全．北京：中国社会科学出版社，2012.

[224]张友国．中国贸易含碳量及其影响因素：基于(进口)非竞争型

投入产出表的分析[J]. 经济学(季刊)，2010(4)：1287-1310.

[225]张钰嘉. 环境规制下自然资本对社会福利的影响研究[D]. 山西：山西大学，2019.

[226]张志勇. 绿色发展背景下低碳消费的国际借鉴及对策研究——以山东省为例[J]. 商业经济研究，2018(11)：62-64.

[227]赵红艳，耿涌，郗凤明，等. 基于生产和消费视角的辽宁省行业能源消费碳排放[J]. 环境科学研究，2012(11)：1290-1296.

[228]赵辉，杨秀，张声远. 德国建筑节能标准的发展及其启示[J]. 动感，2010(3)：40-43.

[229]赵静敏，赵爱文. 碳减排约束下国外碳税实施的经验与启示[J]. 管理世界，2016(12)：174-175.

[230]赵立祥，王丽丽. 消费领域碳减排政策研究进展与展望[J]. 科技管理研究，2018(3)：239-246.

[231]赵玉焕，李玮伦，王淞. 北京市居民消费间接碳排放测算及影响因素[J]. 北京理工大学学报(社会科学版)，2018(3)：33-44.

[232]赵志君. 收入分配与社会福利函数[J]. 数量经济技术经济研究，2011(9)：61-73.

[233]郑玉歆. 政府引导可持续消费模式的责任与路径[J]. 学习与实践，2015(1)：5-11.

[234]钟茂初，张学刚. 环境库兹涅茨曲线理论及研究的批评综论[J]. 中国人口·资源与环境，2010(2)：62-67.

[235]周宏春. 低碳经济学：低碳经济理论与发展路径[M]. 北京：机械工业出版社，2012.

[236]周平，王黎明. 中国居民最终需求的碳排放测算[J]. 统计研究，2011(7)：71-78.

[237]朱勤，彭希哲，陆志明，等. 人口与消费对碳排放影响的分析模型与实证[J]. 中国人口·资源与环境，2010(2)：98-102.

[238]朱勤，彭希哲，陆志明，等. 人口与消费对碳排放影响的分析

模型与实证[J]．中国人口．资源与环境，2010(2)：98-102．

[239]朱勤，彭希哲，吴开亚．基于结构分解的居民消费品载能碳排放变动分析[J]．数量经济技术经济研究，2012(1)：65-77．

[240]朱勤，彭希哲，吴开亚．基于投入产出模型的居民消费品载能碳排放测算与分析[J]．自然资源学报，2012(12)：18-29．

[241]朱勤．中国人口、消费与碳排放研究[M]．上海：复旦大学出版社，2011．

[242]朱信凯，骆晨．消费函数的理论逻辑与中国化：一个文献综述[J]．经济研究，2011(1)：140-153．

[243]朱永彬，刘晓，王铮．碳税政策的减排效果及其对我国经济的影响分析[J]．中国软科学，2010(4)：1-9．

[244]佐和隆光．防止全球变暖：改变20世纪型的经济体系[M]．任文，译．北京：环境科学出版社，1999．